鋼 構造シリーズ 34

鋼橋の環境振動・騒音に関する予測，評価および対策技術

－振動・騒音のミニマム化を目指して－

土 木 学 会

Steel Structures Series 34

Prediction, assessment and countermeasures for environmental vibration and noise from steel bridges

- Toward minimum vibration and noise -

Edited by

Manabu Ikeda

Subcommittee for Steel Bridge Design for Reduction of

Vibration and Noise

Committee of Steel Structures

Japan Society of Civil Engineers

November 2020

はじめに

　鋼橋においては，1960 年代頃から，車両走行に伴う橋梁周辺の振動や騒音について問題が顕在化し始め，解決に向けてさまざまな取り組みがなされている．振動・騒音問題の背景にあるのは，世の中の環境に対する意識の高まりである．最近は，振動，騒音（ここでは耳に聞こえる音を対象）のみでなく，低周波音にも着目されている（これらの違いは本書を参照）．鋼橋の建設，保守においては，鋼橋周辺のこれらの振動・騒音を可能な限り低減していくことが強く求められる．

　「鋼・合成構造標準示方書（総則編・構造計画編・設計編）[2016 年制定]」では，要求性能の性能項目の一つに「騒音・振動」（環境適合性）が定められている．また，道路橋や鉄道橋の設計基準でも「騒音・振動」に対する検討が求められている．しかしながら，振動・騒音についての具体的な照査法までは記載されていない．「いったい何をもって事前に振動・騒音が OK と判断できるのか？」，「どのような対策をすれば OK と判断できるのか？」等々の問いに対し，これまで多くなされてきた検討や実橋での種々の対策を踏まえ，これらの情報や技術的な知見を集約することで，答えの提案を目指せるレベルにきているのではないだろうか．

　たしかに振動・騒音の影響は人の感覚による部分が大きく，明確に基準を決めて一律に評価することは難しい．例えば鉄道橋は，いまだ“鋼橋”というと古い開床式構造（軌道の下面が覆われていない構造）を想像し，列車が鋼橋上（正確には鋼橋上のレール継目部）を通過する際の“うるさい”イメージがあるため騒音測定値以上の感覚をもつ方が多い．また，物理的メカニズムに基づく予測には，高度な解析技術や大容量の計算機を要し，実務では難しい．しかしながら，インフラを取り巻く社会への説明責任，近年の解析技術の飛躍的な進歩の背景を踏まえ，鋼橋の振動・騒音を技術的かつ経済的に可能な範囲で最小化する，すなわちミニマム化を実現するために，精度よく予測し統一的な基準に基づき評価して，必要に応じて有効な対策をとることが極めて重要であることはいうまでもない．そして，このことが社会的に認知され受けられるようにすることも重要である．

　土木学会鋼構造委員会では，これまで「鋼橋の振動・騒音に関する環境負荷低減工法の評価検討小委員会」（委員長　杉山俊幸　山梨大学教授（当時），2004.4〜2008.3），「振動・騒音に配慮した鋼橋の使用性能評価に関する検討小委員会」（委員長　深田宰史　金沢大学准教授（当時），2008.10〜2011.9）が設置され精力的に調査研究が行われた．本小委員会では，これらの成果をベースに，主として「振動・騒音」の評価法および対策について調査研究を行った．具体的には，①一連の評価法を整理した「手引き」の作成，②数値解析による予測技術の現状整理，③各種対策工の整理を行った．

　「手引き」は，現時点での知見や技術をベースに一通り作成してみたが，予測値の妥当性，評価法の適用条件や安全率の考え方等解決すべき課題が明らかとなり，今回は本小委員会からの提案として「試案」という形で示した．不十分な面はあることを承知の上で出すことをご容赦い

ただきたい．内容についてぜひご批評頂き，この試案をもとに改良を加えて，指針として，さらに将来は示方書に取り込まれることを期待したい．

また，予測技術についても，最新の解析手法を示し，いくつか解析事例を紹介した．改善の余地はまだあり，今後の解析技術の進歩が望まれる．このため，土木分野のみでなく，振動・騒音分野の方々とも連携をとりながら精力的に検討が進むことを期待したい．

さらに，対策に関しては，道路橋，鉄道橋でこれまで個々に検討・提案されていたが，実は両者共通に適用できるものもあり，できるだけ共通の土俵で整理することを心掛けた．対策の選定において参考にしていただければ幸いである．

本小委員会では，単に，「振動・騒音」ではなく，「環境」への影響というイメージを強く表現するため，「環境振動・騒音」を定義して提案した．日本建築学会や日本騒音制御工学会では「環境振動」が用いられており，これとほぼ同じ意味ではあるが，橋梁における周辺環境への振動や騒音の影響を表す用語として新たに定義したものである．土木分野ではこれまで「環境振動」が用いられることは稀であったが，本書を機に，「環境振動」，「環境騒音」，「環境振動・騒音」が浸透していくことを願っている．

鋼橋の「振動・騒音」というと，技術者にとっては一般にネガティブなイメージを持たれていると思う．本書が，今後，「振動・騒音」への配慮が，将来にわたり鋼橋が周辺環境に適合し続けるために必要不可欠なものとして，もっと前向きにとらえられるきっかけになれば幸甚である．これにより，鋼橋の振動・騒音のミニマム化のためのさらなる技術開発が進み，環境にも優れたインフラ整備，さらには持続可能な社会の実現に貢献していけるのではないだろうか．

本小委員会では，大学，道路，鉄道，騒音，振動等の種々の専門分野の方々に参画いただき，当該分野の知識の乏しい委員長を全面的かつ強力に支えていただいたおかげで，委員会の活動を進め，本書をとりまとめることができた．委員会運営，本書のとりまとめに中心となって活動していただいた松本幹事長はじめ委員の皆様に深く感謝申し上げます．

2020 年 10 月
土木学会鋼構造委員会
鋼橋の騒音・振動低減に向けた設計検討小委員会
委員長　池田　学

土木学会　鋼構造委員会

鋼橋の騒音・振動低減に向けた設計検討小委員会

委員構成（50 音順，敬称略）

委員長（WG1 主査）	池田　学	（公財）鉄道総合技術研究所	
幹事長	松本　泰尚	埼玉大学	
委員（WG2 主査）	金　哲佑	京都大学	
委員（WG3 主査）	原田　拓也	（株）高速道路総合技術研究所	2017.4～
委員	井田　達郎	首都高速道路（株）	
委員	大竹　省吾	（株）オリエンタルコンサルタンツ	
委員	緒方　正剛	（独）自動車技術総合機構	
委員	後藤　貴士	東日本旅客鉄道（株）	
委員	西田　寿生	西日本旅客鉄道（株）	
委員	服部　雅史	（株）高速道路総合技術研究所	～2017.3
委員	浜　博和	ＮＥＸＣＯ西日本イノベーションズ（株）	
委員	廣江　正明	（一財）小林理学研究所	
委員	深田　宰史	金沢大学	
委員	横山　秀喜	（独）鉄道建設・運輸施設整備支援機構	
連絡幹事	並川　賢治	首都高速道路（株）	～2017.5
連絡幹事	原田　拓也	（前出）	～2019.5
連絡幹事	行澤　義弘	東日本旅客鉄道（株）	2019.6～

WG1：手引き作成 WG

WG2：振動予測手法検討 WG

WG3：騒音・振動対策検討 WG

鋼構造シリーズ 34

鋼橋の環境振動・騒音に関する予測，評価および対策技術
－振動・騒音のミニマム化を目指して－

目　次

1．振動・騒音とは

本書で扱う振動・騒音（音）とは，弾性媒質中における応力（stress），粒子変位・速度（particle velocity/particle displacement）などの振動やその伝播現象のことであり，いわゆる，「弾性波」[1]のことである．その中でも，とくに道路交通や鉄道車両に伴って発生する橋梁自体の振動や，その振動が発生源となって放射され，気中を伝播していく音（騒音，低周波音）が対象である．

橋梁振動は地盤振動を励起し，それが周辺の建物に伝播すると，その建物の居住者あるいは使用者に知覚される．人の振動知覚は，振動数に応じた異なる感覚器官で行われる．体感として知覚する振動の振動数範囲としては 80 Hz～100 Hz までを考えるのが一般的であるが，橋梁振動に起因する振動の場合には，20 Hz～30 Hz より高い振動数範囲で体感できる大きさの振動が周辺建物で発生することはほとんど無い．

橋梁振動から発生して気中を伝播する音は，やがて感覚器官の一つ，聴覚（耳）を介して人に知覚される．通常，人間の可聴周波数範囲（audible frequency range）は 20 Hz～20 kHz と言われているが，この可聴音（audible sound）のうち，人が不快や邪魔に感じるものが騒音（noise）と呼ばれる．また，可聴周波数範囲の下限より低い非可聴域の音を「超低周波音（infrasound）」[1]と定義しているが，これらの超低周波音を含む周波数 100 Hz 以下の音を日本では低周波音（low frequency sound）[2,3]と呼んでいる（なお，余談になるが，諸外国では低周波音による事例や捉え方が違う為，その定義（周波数範囲）が国によって異なることに注意が必要である）．他方，可聴周波数範囲の上限より高い非可聴域の音を「超音波（ultrasound）」[1]と呼び，この領域の音も人には聴こえないと定義しているが，20 kHz 以上の高い周波数の音でも聴こえる人がいるという報告もある．例えば，6～15 歳の幼稚園児，小学生，中学生に対して 1～32 kHz の純音聴覚閾値を調べた結果，20 kHz 以上の非可聴域の音でも聴取している可能性が示唆されている[3]．

なお，本書では，振動等が伝わる物理現象を「伝播（でんぱ）」と記載したが，音については伝搬が一般に用いられるため，音のみを対象とする場合は「伝搬（でんぱん）」と記載した．

2．鋼橋の振動・騒音の経緯

(1) 概要[4,5]

昭和 30 年代後半から，我が国の経済発展は目ざましいものがあり，国民の生活水準の上昇は著しいものがあった．その反面，公害防止に係る公共投資，適正な工場立地や土地利用規制，事業者の公害防止投資などの不十分さにより，公害が国民の健康及び生活環境を脅かすようになってきた．このような背景を受けて，昭和 42 年（1967 年）に「公害対策基本法」が制定された．これを受けて，騒音の規制が進み，昭和 43 年（1968 年）に「騒音規制法」が制定された[4,5]．一方，振動に関しては，測定単位，測定方法など主として技術的な課題があったため，しばらくは地方公共団体の条例による規制に委ねられてきたが，昭和 51 年（1976 年）に「振動規制法」が制定された[6]．

これらを契機に，世の中の環境への関心の高まりとともに，鋼橋沿線の振動・騒音に対する問題意識も高まっている．これまで様々な取り組みがなされてきているが，橋梁の長大化，構造の多様化，軟弱地盤上の橋梁の増加，大型車交通量の増加等の交通状況の変化等もあり，効果的かつ効率的な評価・対策技術が確立されているとは言い難い．また，苦情を訴える側の振動・騒音に対する感じ方にかなりの個人差があることも問題の解決をより複雑にしている[7]．

重要なインフラである鋼道路橋および鋼鉄道橋は，安全で耐久性があり，かつ経済的であることが望まれるのはもちろんであるが，周辺環境を阻害せずできるだけ適合することも求められる．これまでは，鋼橋の振動・騒音は周辺環境への負の問題というネガティブなイメージが強かったが，今後は，持続可能な社会の実現に貢献すべく，環境振動・騒音をミニマム化し構造物周辺の環境に適合した鋼橋を整備していくことが望まれる．

(2) 鋼道路橋の振動・騒音の経緯 [4),5)]

昭和43年（1968年）制定の「騒音規制法」では，当初，自動車騒音は規制対象とされてこなかったが，昭和45年（1970年）のいわゆる「公害国会」において，「許容限度」と「要請限度」にかかる規定が追加された．さらに環境対策を総合的に実施する上での「行政上の目標」で，維持されることが望ましい基準として，「騒音レベルの中央値」を評価量とする環境基準が，昭和46年（1971年）に閣議決定された．なお，環境基準は，その後の技術的発展や知見の集積に照らして，平成10年（1998年）に「等価騒音レベル」を評価量とする新しい環境基準に制定されている．

車両走行によって鋼道路橋に生じる振動とこれに伴って放射される低周波音の低減に関しては，昭和50年代初め（1970年代後半）に山梨県内の中央自動車道葛野川橋（トラス橋）で着目されて以来，今日まで種々様々な検討が行われている．

(3) 鋼鉄道橋の振動・騒音の経緯 [8)]

鋼鉄道橋は，長い間，沿線における振動・騒音の問題意識はほとんどなく使用されてきたが，1964年に東海道新幹線が開業後，特に無道床鋼桁（バラストのない開床式の鋼桁）の騒音に対する苦情が頻発し，1974年には名古屋市六番町架道橋を中心とした沿線住民から，いわゆる名古屋騒音公害訴訟が提訴されるに至った．1960年代後半から，当時の日本国有鉄道では各種の騒音対策が研究開発され，無道床鋼桁に対して防振ゴム付きの下面遮音工および側方遮音工による対策等が実施されるようになった．その後1975年7月に「新幹線鉄道騒音に係る環境基準について」（環境庁（当時）告示）が制定され，翌年1976年3月には「新幹線鉄道騒音対策要綱」が閣議了解され，これまで以上の技術開発を進め，環境基準を超える家屋には障害対策を施すことになった．以降，開業した新幹線および現在建設中の整備新幹線では，住居がある地域のみならず将来建設される可能性ある地域においても無道床鋼桁の採用が抑えられ，騒音値の低い構造物を計画段階から選定するようになり，合成桁においては腹板に拘束型のゴム製の制振材，下フランジに制振コンクリートを打設する等の対策が標準的に行われている．

3．鋼構造委員会における検討経緯

土木学会鋼構造委員会では，近年，以下の二つの小委員会にて鋼橋の振動・騒音に関する検討が行われてきた．

まず，平成16年4月から平成20年3月の期間，「鋼橋の振動・騒音に関する環境負荷低減工法の評価検討小委員会」（委員長　杉山俊幸　山梨大学教授（当時））が設置された [7)]．その背景は，鋼橋に生じる振動や騒音が与える地域環境への負荷（悪影響）が必ずしも明らかにされておらず，環境評価を取り入れた鋼構造物の設計体系が確立されていないこと，また，こうした環境負荷を低減するために考案されている工法や構造形式およびそれらの低減効果が体系的に明らかにされていないことであった．

報告書[7)]には，振動・騒音問題と対策の概要，道路橋における振動・騒音対策の事例，鉄道橋における振動・騒音対策の事例，歩道橋における振動対策の事例，振動・騒音に対する評価方法がまとめられた．

　その活動を受け，平成 20 年 10 月から平成 23 年 9 月の期間，「振動・騒音に配慮した鋼橋の使用性能評価に関する検討小委員会」（委員長　深田宰史　金沢大学准教授（当時））が設置された[9)]．この小委員会では，道路橋の振動・騒音に対象が絞られた．道路橋の振動・騒音問題は，交通量，橋梁形式，立地条件等の様々な要因が複雑に絡み合い，すべての問題に対して同じ対策方法を用いることはできないため，現況の要因を分析し，コストや施工方法等の制約条件を考慮し，様々な検討を行うことによって最も効果のある対策方法を採用することが望ましい．しかし，既設橋梁に対する振動・騒音対策における知見が公表されず，別の事例に活かされないことが多く，また，十分な現況の要因分析や対策方法の検討を行わずに対策の施工を行っている例も見受けられる状況であった．これらの背景を受けて，小委員会報告書[9)]では，振動・騒音問題に対する測定方法，高架橋周辺において発生した環境振動問題の要因分析，振動・騒音問題に対する対策方法，振動解析を用いた環境振動アセスメント，振動・騒音問題に対する評価方法，計画・設計および維持管理において配慮すべき点がまとめられた．特に，計画・設計段階で配慮すべき点は，性能設計へと移行しつつある状況において，振動や騒音問題を生じにくい新設橋梁を建設することを目的に，また，維持管理段階で配慮すべき点は，供用中に振動や騒音問題を生じさせないことを目的としてまとめられた．

　本小委員会の活動では，これらの小委員会の成果を活用させていただいた．

４．関連学協会の動向

　鋼橋の振動・騒音に関しては，他学協会でも予測・対策・評価等の検討が行われてきた．以下に近年の例を述べる．

　日本音響学会による「道路交通騒音の予測モデル」は，1993 年に発表されて以来，5 年ごとに改定されており，道路交通騒音の予測に広く用いられている．高架構造物音の予測は，1998 年のモデルから含まれた．2018 年に，最新の予測モデル「ASJ RTN-Model 2018」が発表された[10)]．

　日本騒音制御工学会では，道路交通振動予測式作成分科会により，平面道路を対象とした道路交通振動予測計算方法「INCE/J RTV-MODEL 2003」が発表された．その後，高架道路に対する交通振動予測式の検討が行われ，2019 年に数値解析を用いる詳細予測法と橋脚近傍の時間依存ユニットパターンを用いる簡易予測法の 2 通りが提案された[11)]．

　日本建築学会は，2018 年に「建築物の振動に関する居住性能評価規準」を刊行した[12)]．1991 年に刊行され，2004 年に改定された「建築物の振動に関する居住性能評価指針」の内容を更新したもので，橋梁を含む各種振動源による建物内の振動を居住性の観点から評価する方法を提示している．

　日本鋼構造協会では，鋼鉄道橋および鉄道合成桁の低騒音化に関する検討が，「鋼鉄道橋の低騒音化に関する研究小委員会」および「低騒音合成構造の鋼鉄道橋への活用検討小委員会」により行われ，それぞれの成果が JSSC テクニカルレポートとして刊行されている[8), 13)]．前者では，トラス橋を対象に，騒音の実態，騒音対策を調査・整理した上で，実橋測定による騒音対策効果の確認を行い，今後の課題と新たな対策の試みが提案された．後者では，前者で課題とされた合成桁の低騒音化を対象に，鉄道合成桁の振動・騒音測定を行って合成桁の騒音の特徴を示すとともに，音源と音源寄与度に関する解析を行い，合成桁の騒音レベルを RC 高架橋と同程度の騒音レベルとするための対策が検討された．

5．本書の構成とポイント

本小委員会では，以下の 3 つの目標を設定し活動を開始した．
　(a) 鋼橋の振動・騒音のメカニズムの整理
　(b) 鋼橋の振動・騒音の評価法の検討
　(c) 各種振動・騒音対策技術の低減効果の整理と評価法の検討

前述の経緯や状況等を踏まえ，小委員会内で議論を行い，主に道路橋や鉄道橋の鋼橋（合成桁を含む）を対象とし，供用時の車両（自動車，鉄道列車等）の走行に伴う振動・騒音（低周波音を含む）現象を扱うものとし，具体的な活動内容として以下を実施することとした．
　(a) 鋼橋の振動・騒音に関する評価・対策の考え方の体系化
　(b) 鋼橋の振動・騒音の予測手法の調査検討
　(c) 鋼橋の各種振動・騒音対策の調査検討

本書では，これらの検討成果を各編にとりまとめた．
第 I 編　鋼橋の振動・騒音に関する評価および対策の手引き（試案）
第 II 編　鋼橋の振動・騒音の予測手法
第 III 編　鋼橋の各種振動・騒音対策

第 I 編は，既往の知見等をもとに，手引きという形式で，振動・騒音を予測し評価を行い，必要に応じて対策をするという一連の流れを作成した．これは，「鋼・合成構造標準示方書［設計編］」[14]には，要求性能の一つとして「社会・環境適合性」があり，その中に「振動・騒音に関する環境適合性」について照査することになっているが，現状では確立した照査方法はなく，具体的な手法はほとんど記載されていないため，その参考資料を提示することを目指したものである．しかしながら，現状では不十分な面もあり，今回は小委員会の提案として「試案」としてまとめることとした．

第 II 編は，鋼橋の振動・騒音の数値解析による予測手法の現状と最近の研究成果についてとりまとめた．これまでの鋼橋の振動・騒音の予測は，エネルギーベースでの予測手法や既往の測定データの回帰式に基づき行われているのが現状であるが，種々の構造物，対策手法等の条件に応じた予測を行うためには，物理的なメカニズムに基づく数値解析を用いることが有効である．最近の解析技術の進歩は目覚ましく，このような数値解析を実務に適用することも一部では行われてきており，今後増加するものと想定される．そこで，数値解析の現状と最近の研究成果を紹介し，今後さらに発展していくための資料となることを意識してまとめたものである．

第 III 編は，鋼橋の振動・騒音対策には種々のものが開発され，適用されているが，これらを総合的に整理した資料はあまりないため，今後の対策工法の選定の際に参考資料となることを目指し，現状の種々の対策手法の概要，予測手法，対策効果等についてまとめた．特に，これまで道路橋と鉄道橋で別々に検討・整理されてきており，両者の情報が必ずしも共有されていなかったが，両者で共通して適用される技術も多くあることから，本小委員会では，道路橋と鉄道橋で明確な区分けはせずに統一した観点で整理した．なお，鋼橋の振動・騒音対策には，走行車両と路面・軌道面等の発生源対策，地盤および大気中の伝播経路上の対策，および受振・受音側の対策に区分されるが，本書では，鋼橋の対策に主眼をおき，発生源対策として路面・軌道面および鋼橋本体の対策，伝播経路上の対策として遮音壁等の大気中の伝播対策について整理した．

参考文献

1) 日本音響学会編：新版 音響用語辞典，コロナ社，2003.7

2) 日本音響学会編：音響サイエンスシリーズ 16 低周波音 低い音の知られざる世界，コロナ社，2017．11

3) 日本音響学会編：音響キーワードブック，コロナ社，2016.3

4) 日本騒音制御工学会編：騒音規制の手引き［第3版］，技報堂出版，2019.5

5) 長船寿一：小特集 －交通騒音：音源側と受音側の両視点から－ 道路交通騒音と遮音壁に関する動向，日本音響学会誌73巻11号，pp.704-709，日本音響学会，2017.11

6) 日本騒音制御工学会編 振動法令研究会著：振動規制の手引き，技報堂出版，2003.5

7) 土木学会鋼構造委員会：鋼橋の振動・騒音に関する環境負荷低減工法の評価検討小委員会：鋼橋の振動・騒音問題とその対策事例，土木学会，2008.11

http://library.jsce.or.jp/Image_DB/committee/steel_structure/bklist/56817.html

8) 日本鋼構造協会：鋼鉄道橋の低騒音化，JSSC テクニカルレポート No.68，日本鋼構造協会，2005.11

9) 土木学会鋼構造委員会 振動・騒音に配慮した鋼橋の使用性能評価に関する検討小委員会：振動・騒音に配慮した鋼橋の使用性能評価に関する検討小委員会報告書，土木学会，2011.9

10) 日本音響学会 道路交通騒音調査研究委員会：道路交通騒音の予測モデル"ASJ RTN-Model 2018"，日本音響学会誌，75巻4号，pp.188-250，日本音響学会，2019.4

11) 日本騒音制御工学会 道路交通振動予測式作成分科会：道路交通振動予測式作成分科会による成果報告会－高架道路における振動予測式の提案－，日本騒音制御工学会，2019.4

http://www.ince-j.or.jp/wp/wp-content/uploads/2016/02/ince-j-rtv-seikakoukoku2019_04report.pdf

12) 日本建築学会：建築物の振動に関する居住性能評価規準・同解説，日本建築学会環境基準 AIJES-V0001-2018，日本建築学会，2018.11

13) 日本鋼構造協会：鉄道合成桁の低騒音化，JSSC テクニカルレポート No.103，日本鋼構造協会，2015.2

14) 土木学会鋼構造委員会：鋼・合成構造標準示方書（総則編・構造計画編・設計編）［2016年制定］，土木学会，2016.7

第Ⅰ編　鋼橋の振動・騒音に関する評価および対策の手引き（試案）

　本編は，既往の知見等をもとに，鋼橋の振動・騒音（低周波音を含む）を対象に，「自動車や鉄道列車の走行に伴う構造物周辺の振動や騒音を定量的に"予測"し，それに基づいて"評価"を行い，必要に応じて"対策"をする」という一連の流れ（**図-1**）を整理して「手引き（試案）」を作成した．

　「鋼・合成構造標準示方書（総則編・構造計画編・設計編）[2016 年制定]」（以下，鋼・合成構造標準示方書）[1]はじめ鋼橋に関する設計や維持管理に関する各種基準や手引きには，振動・騒音を要求性能の一つとして挙げているが，定性的な考え方を示すにとどまり具体的な評価方法はほとんど定められていない．例えば，「鋼・合成構造標準示方書」[1]では，「振動・騒音に関する環境適合性の照査」について，「周辺社会・環境や自然環境に影響を与える振動や騒音が発生する可能性がある場合には，それらのレベルを数値解析や既往の類似事例等から予測し，環境基準や ISO 等に定められている限界値を超えないことを確認する」こととされているが，具体的な手法については記載されていない．

　また，実際に測定を行い，その結果をもとに評価を行う手順を示したマニュアル等[例えば 2),3]はあるが，事前に予測して評価を行う手順が示されたものがないのが実状である．

　本手引き（試案）は，鋼橋の振動・騒音の評価および対策の際の参考資料となるものを目指して作成している．最新の知見に基づくと，相当なレベルで評価手法の体系化を図ることが可能であるものの，現状では十分な精度で信頼性ある定量的な評価手法を示すには至らず，本小委員会の提案として「試案」としてまとめている．

図-1　予測，評価，対策の基本的な流れ

本手引き（試案）は全 5 章から構成され，概要は以下のとおりである.

第1章	総則	・・・適用範囲，評価の前提，要求性能等の設定等
第2章	評価および対策の基本	・・・評価および対策の基本事項
第3章	振動・騒音の予測	・・・道路橋と鉄道橋についての予測手法
第4章	振動・騒音に関する環境適合性の評価	
		・・・道路橋と鉄道橋についての評価方法，基準値
第5章	対策工	・・・種々の対策工の選定，留意点

参考文献

1) 土木学会鋼構造委員会：鋼・合成構造標準示方書（総則編・構造計画編・設計編）［2016 年制定］，土木学会，2016.7
2) 環境省：新幹線鉄道騒音測定・評価マニュアル，2015.10
3) 環境省：在来鉄道騒音測定マニュアル，2015.10

2020

鋼橋の振動・騒音に関する評価および対策の手引き

（試案）

土木学会鋼構造委員会　鋼橋の騒音・振動低減に向けた設計検討小委員会

目次

第1章　総則

1.1　適用の範囲

（1）本手引き（試案）は，道路用および鉄道用の鋼橋（合成桁を含む）（以下，構造物とする）について，環境振動・騒音のうち，車両走行に起因する構造物周辺の振動・騒音に関する環境適合性の評価に適用する．なお，騒音は低周波音を含むものとする．

（2）本手引き（試案）は，新設構造物の評価，既設構造物の評価および対策に適用する．

【解説】

　環境に対する社会的な意識は高く，鋼橋等の土木構造物においても環境に対する配慮が求められている．鋼橋の環境問題の一つに振動・騒音があり，橋梁上の車両走行，橋梁の建設・保守工事等により構造物周辺に振動・騒音が発生するため，この"環境振動・騒音"を抑えることが求められる．なかでも，道路橋や鉄道橋においては，車両走行に伴い生じる振動・騒音（**解説図-1.1.1**）が周辺環境において特段の配慮を要する場合もあり，これを抑えることが求められている．このような背景から，「鋼・合成構造標準示方書（総則編・構造計画編・設計編）［2016年制定］」（以下，鋼・合成構造標準示方書）[1]では，要求性能の一つとして「社会・環境適合性」が定められ，この性能項目として「環境適合性」があり，この中に振動，騒音が扱われている（**解説表-1.3.1**）．本手引き（試案）はこの「振動・騒音に関する環境適合性」を対象としている．「鋼・合成構造標準示方書」[1]の要求性能として「使用性」もあり，車両走行に伴う振動に関しては構造物の使用者の走行安全性や乗り心地等の走行性や歩行性もあるが，本手引き（試案）では，構造物周辺の振動・騒音を対象とし，これらは対象外とする．

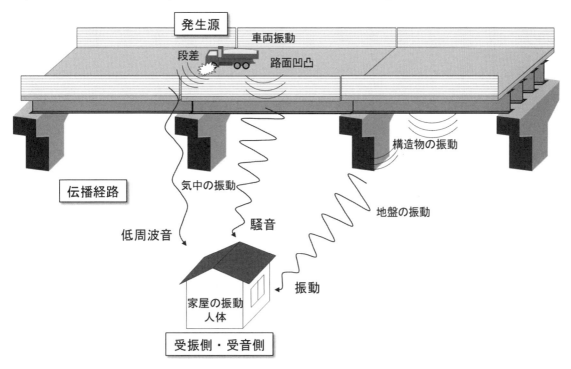

解説図-1.1.1　鋼橋（道路橋）の車両走行に起因する振動・騒音の概要 [2]を参考に作成

　本手引き（試案）は，「振動・騒音に関する環境適合性の照査」のうち，鋼橋（合成桁を含む）について，自動車や鉄道列車の車両走行による振動・騒音（低周波音を含む）に対する評価および対策につ

いて，現時点の知見をもとに，「鋼・合成構造標準示方書」[1]の原則に即した標準的かつ具体的な手法を試案として示した．また，対策は，構造物側で実施できるものを主として対象とし，発生源側の走行車両の対策，受振側や受音側の対策等の記載は省略した．対象は新設構造物のみでなく，既設構造物の評価および対策も対象とする．

本手引き（試案）で対象とする振動，騒音，低周波音は以下とする（**解説図-1.1.1**，**解説図-1.1.2**，**解説表-1.1.1** 参照）．これらを総称して"振動・騒音"と記載する．

・振動：車両走行に起因する構造物の振動が発生源となって，固体あるいは地盤を伝播して，住宅・建具（戸や窓等）等が振動し人が不快に感じる現象．

・騒音：車両走行に起因する構造物や車両の振動が発生源となって，大気中を伝播し，人が不快な音等として感じる現象．

・低周波音：騒音のうち，一般に周波数が 100 Hz 以下の空気振動で，直接心身に関わる苦情や建具（戸や窓等）の振動等の物的苦情を引き起こすもの．一般に非可聴域となる周波数 20 Hz 以下の「超低周波音」も含む．

本手引き（試案）では，「騒音」は，人が不快な音として感じる現象のみでなく，非可聴域を含む低周波音も含まれる．「低周波音」のうち「超低周波音」は，受振側や受音側は音というより圧迫感，振動感として感じる現象で，対策工も振動と同様ではあるものの，騒音と同様に大気中を伝播する空気振動であるため，本手引き（試案）では騒音に含まれる現象として扱うこととした．

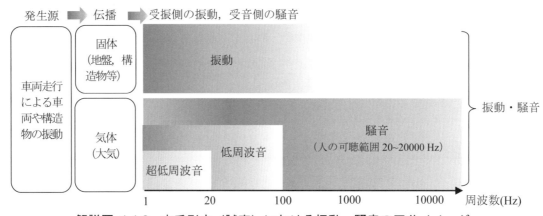

解説図-1.1.2　本手引き（試案）における振動・騒音の区分イメージ

解説表-1.1.1　本手引き（試案）における振動・騒音の違い

項目		発生源	伝播する媒介	受振側や受音側の不快に感じる現象
振動		交通振動*	固体（地盤含む）	建物，建具等の振動
騒音			気体	空気振動（可聴域，非可聴域を含む）
	低周波音			一般に周波数 100 Hz 以下の空気振動
		超低周波音		一般に周波数 20 Hz 以下（主に非可聴域）の空気振動

注）* 自動車や鉄道車両の走行により発生する振動

本手引き（試案）では，「鋼・合成構造標準示方書」[1]の原則に即した用語を用いるように配慮したが，示方書に用いられる用語のうち，振動・騒音の評価においては同一の意味で通常別の用語が用いられるものについては，それらの用語を用いることとした（**解説表-1.1.2**）．以降は，これらの用語を用いる．

解説表-1.1.2　「鋼・合成構造標準示方書」から変更して用いている用語 [1]

示方書	本手引き（試案）
照査（性能照査）	評価
応答値	予測値
応答値の算定	予測
限界値	基準値

以下に，道路橋および鉄道橋の振動・騒音の特徴を記載する．

（a）道路橋の振動・騒音の特徴 [2]

道路橋の振動の影響の大きさは，加振源となる車両の振動と，振動源となる橋梁の振動，受振点となる家屋および建具の振動，これらの振動系の固有振動数が近接した場合に生じる共振が主たる要因となることが多い．

道路橋の騒音の発生源としては，車両走行音の他に，路面や伸縮装置部の段差を車両が通過するのに伴う騒音，伸縮装置部の舗装・コンクリート・鋼材・ゴム等の材料の硬さの異なる箇所の車両走行による騒音，遊間部からの音漏れ等がある．

道路橋の低周波音は，大型車両のばね上振動またはばね下振動と，上部構造との連成振動で発生することが多い．一般に，大型車両のばね上振動の固有振動数は 2〜3 Hz 前後，ばね下振動は 10〜20 Hz 程度である．

（b）鉄道橋の振動・騒音の特徴

鉄道橋の振動は，列車走行に伴い構造物が振動し，地盤を介して沿線に振動が伝播する現象であるが，鋼橋に起因する沿線の環境振動の現象は明らかになっていない．

鉄道橋の騒音の発生源としては，車両の主電動機等の発生音や高速走行時の空力音，車輪がレール上を転がるときの転動音，高速走行時の架線とパンタグラフの接触等による集電音，そしてレールから構造物に伝わり振動する構造物音等がある．これらは，列車速度，構造形式，軌道構造形式，防音壁等の騒音対策方法等により寄与度が変わる．鋼橋の場合，コンクリート橋と比較して，構造物音が相対的に大きい傾向にある．

鉄道橋の低周波音は，列車の高速走行に伴う空力的な圧力変動に起因し，トンネルに列車が高速で突入する際の出口周辺での低周波音の現象が確認されているものの，列車走行に伴う構造物の振動に起因する現象はこれまでのところ明らかになっていない．

本手引き（試案）に関連する法令，基準，指針類は以下のとおりである．道路または鉄道のいずれかを対象としたものについては，末尾に【】書きを追加した．

- ・環境基本法
- ・振動規制法
- ・騒音規制法
- ・環境影響評価法
- ・騒音に係る環境基準
- ・騒音規制法第 17 条第 1 項の規定に基づく指定地域内における自動車騒音の限度を定める省令【道路】
- ・新幹線鉄道騒音に係る環境基準について【鉄道】
- ・在来鉄道の新設又は大規模改良に際しての騒音対策の指針【鉄道】

・土木学会：鋼・合成構造標準示方書（総則編・構造計画編・設計編）［2016年制定］
参考となる資料
・環境省：新幹線鉄道騒音測定・評価マニュアル，2015.10【鉄道】
・環境省：在来鉄道騒音測定マニュアル，2015.10【鉄道】
・環境省：低周波音問題対応の手引書，2004.6
・環境庁：低周波音の測定方法に関するマニュアル，2000.10
・国土技術政策総合研究所・土木研究所：道路環境影響評価の技術手法，2013.3【道路】
・日本音響学会　道路交通騒音調査研究委員会：道路交通騒音の予測モデル"ASJ RTN-Model 2018"，日本音響学会誌，75巻4号，pp.188-250, 2019.4【道路】

1.2　評価の前提

（1）当該構造物に適用される，車両走行に起因する振動・騒音に関する環境適合性に関する関連法令等について，事前に確認しなければならない．

（2）振動・騒音の評価において，その予測手法や基準値の設定等の評価手法は，当該構造物に適合したものを用いなければならない．

【解説】

（1）について

　評価を行う前に，「1.1　適用の範囲」【解説】の関連する法令，基準，指針類について，当該構造物に適用される基準等を確認しなければならない．

（2）について

　振動・騒音の予測手法，基準値の設定等は，構造物の状況等に応じて適用可能な方法を用いる必要がある．

1.3　要求性能および性能項目の設定

（1）「鋼・合成構造標準示方書」に定める要求性能である「社会・環境適合性」の性能項目のうち，振動・騒音に関する「環境適合性」を設定する．

（2）構造物の振動・騒音の制約がない場合は，（1）によらず，振動・騒音に関する「環境適合性」の設定および照査を省略してよい．

【解説】

（1）について

　解説表-1.3.1に，「鋼・合成構造標準示方書」[1]における構造物の要求性能と性能項目の例を示す．本手引き（試案）は，構造物の要求性能である社会・環境適合性の性能項目のうち，振動・騒音に関する環境適合性の評価および対策を示したものである．

（2）について

　山間部等，地域によっては振動・騒音に制約がない場所がある．このような場所では，構造物の要求性能として「環境適合性に関する社会・環境適合性」は設定されないため，照査を省略することができる．

解説表-1.3.1　「鋼・合成構造標準示方書」における構造物の要求性能と性能項目の例[1]

要求性能	性能項目	照査項目の例	本示方書での取扱い			
安全性	構造安全性	部材耐荷力，構造系全体の耐荷力，安定性等	[構造計画編]	[設計編]・[耐震設計編]	[施工編]	[維持管理編]
	公衆安全性	利用者および第三者への被害（落下物等）		[設計編]	―	
使用性	走行性	走行性（路面の健全性，剛性），列車走行性，乗り心地		[設計編]・[耐震設計編]	―	
	歩行性	通常時の歩行性（歩行時の振動）			―	
修復性	修復性	損傷レベル（損傷に対する修復の容易さ）		[設計編]・[耐震設計編]		
耐久性	耐疲労性	変動作用による疲労耐久性		[設計編]		
	耐腐食性	鋼材の防錆・防食性能				
	材料劣化抵抗性	コンクリートの劣化				
	維持管理性	維持管理の容易さ，損傷に対する修復の容易さ				
社会・環境適合性	社会的適合性	部分係数の妥当性（構造物の社会的な重要度の考慮）		[設計編]	―	
	経済的合理性	構造物のライフサイクルにおける社会的効用			[施工編]	
	環境適合性	**騒音・振動**，環境負荷（CO_2排出），景観等				
施工性	施工時安全性	施工時の安全性		[設計編]	[施工編]	
	初期健全性	材料品質，溶接品質等				
	容易性	製作や架設作業の容易性				

1.4　評価地点の選定および周辺環境の把握

（1）振動・騒音の評価を個別の地点で行う場合，当該構造物の構造，構造物周辺や地形の状況に加え，評価を行う建物の振動特性やその周辺の立地状況等も考慮しなければならない．

（2）振動・騒音の評価を代表地点で行う場合，評価地点は，当該構造物の構造，構造物周辺や地形の状況，建物の立地状況，当該地点への振動・騒音の影響が概ね一定とみなせるかどうか等を考慮して選定しなければならない．

（3）評価を行う際には，事前に，交通状況，構造物の振動特性や周辺状況，評価地点の周辺環境等を考慮して，振動・騒音に与える影響を把握しなければならない．

【解説】

（1），（2）について

　振動の評価を行う地点は，「振動規制法」[3]に基づき選定する．「振動規制法」によると，道路交通振動に係る要請として，道路の敷地の境界線で測定を行った数値に対して評価することとなっている[4]．一般に，評価すべき建物等が明らかな場合は，その近くの敷地境界線上で評価するなど，個別の地点で行う場合が多い．この場合，当該構造物の構造，構造物周辺や地形の状況に加え，評価を行う建物の振動特性やその周辺の立地状況等も考慮することが必要である．特に，振動は，その加振源，当該構造物の振動特性，伝播する媒体となる振動特性等が，評価を行う建物の振動特性と一致する場合に共振により増幅することが多いため，それぞれについて振動特性を把握しておくことが重要である．

　騒音は，区域ごとに，代表地点を選定して評価される場合が多い．例えば，「騒音に係る環境基準の評価マニュアル」[5]によると，「「一般地域」における騒音環境基準の達成状況の地域としての評価は，原則として一定の地域ごとに当該地域の騒音を代表すると思われる地点を選定して行う」こととされ

ている．代表地点の選定にあたっては，当該構造物の構造，構造物周辺や地形の状況，建物の立地状況，当該地域への振動・騒音の影響が概ね一定とみなせるかどうか等を考慮して選定する必要があり，特に高架橋の場合は敷地の境界線では回折による影響に注意が必要である．例えば，構造物の遮音壁の有無や，鉄道橋の場合には軌道構造，振動・騒音を遮蔽する建物等の有無等により異なる．また，鉄道橋の場合，列車重量や速度等の交通状況によって異なる．このため，これらの影響が概ね一定とみなせるような地点を選定しなければならない．例えば，鉄道橋の場合，新幹線では軌道間中心（上下線の中心）から概ね 25 m の地点，在来鉄道では軌道中心から 12.5 m あるいは 25 m 離れた地点で軌道をできるだけ見通せる地点を選定し，大きな建物等に近接する地点は避けるようにしている[6),7)]．また，道路橋の場合は，加減速区間の有無，平面道路併設の有無等により異なる．

　低周波音は，現状では評価地点が定められていないが，振動と同様に，個別の地点で行う場合が多い．この場合，振動の評価地点と同様に選定してよい．

　なお，評価地点の選定においては，建物やその内部の建具等の振動が評価対象となる場合もあり，住民の立場に立って評価する地点を選定することが重要である．

（3）について

　振動・騒音の評価の際には，事前に，加振源となる交通状況（走行する車両（自動車，鉄道車両）の形式，重量，速度，交通量等），構造物の構造や振動特性，振動・騒音を助長あるいは低減するその周辺の条件の有無，地形の条件，さらには評価地点の建物の振動特性等をあらかじめ把握しておく必要がある．

　また，道路橋の場合の予測対象時期は，供用開始後定常状態になる時期及び環境影響が最大になる時期とし，対象道路周辺の道路網の整備状況等による影響も考えられるため，必要に応じて中間的な時期についても設定する．

1.5　用語の定義

1) 設計供用期間：構造物を供用する予定の供用期間を基にした設計上の供用期間 [1].

2) 要求性能：目的および機能に応じて構造物に求められる性能[1].

3) 性能項目：要求性能を細分化したもので，性能項目ごとに照査指標が設定される．照査指標には，一般に，限界状態が規定される[1].

4) 社会・環境適合性：構造物が健全な社会，経済，文化等の活動に貢献し，周辺の社会・環境，自然環境に及ぼす悪影響を最小限にする性能[1].

5) 環境振動・騒音：構造物において車両走行，建設・保守工事等により，周辺の日常の居住環境および事業活動に影響を及ぼす振動・騒音．

6) 低周波音：一般に100 Hz以下の空気振動．窓や戸の揺れやがたつきなどの建具への影響（物的影響）や，不快感や圧迫感等の心身に係る影響があるといわれている[8].

7) 超低周波音：一般に20 Hz以下の非可聴域の空気振動として人が不快に感じる現象（直接心身に関わる苦情，建具（戸や窓等）の振動等の物的苦情）

8) 環境基準：政府が達成を目指す，人の健康を保護し，及び生活環境を保全するうえで維持されることが望ましい基準．環境基本法で定められている基準を指す[9].

9) 要請限度：振動・騒音対策を道路管理者や都道府県公安委員会等に要請するか否かの境界を与える数値[9].

10) 振動レベル：振動の加速度レベルに振動感覚補正を加えたもので，単位としてdB(デシベル)が用いられる．通常，振動感覚補正回路をもつ公害振動計により測定した値．

11) 騒音レベル：JISに規定される指示型の騒音計で測定して得られる騒音の大きさを表すもので，単位としてdB(デシベル)が用いられる．一般には騒音計の聴感補正回路A特性で測定した値をdBで表す．

12) 等価騒音レベル：騒音レベルが時間とともに変化する場合，測定時間内でこれと等しい平均二乗音圧を与える連続定常音の騒音レベル．ある時間内で観測されたすべての測定値のパワー平均値と考えてよい．

13) 評　　価：構造物が振動・騒音に関する環境適合性を満たしているかどうかを判定する行為．

14) 評価指標：振動・騒音の評価に用いる振動レベル，騒音レベル等の指標の総称．

15) 作　　用：構造物上の車両走行によって振動・騒音を生じさせる働き．

16) 予　測　値：構造物上の車両走行によって評価地点で予測される振動レベル，騒音レベル等の評価指標の数値．

17) 基　準　値：評価に適用される法令・基準等に定められた振動・騒音の基準となる数値，あるいはこれと同等とみなせるもの．

【解説】

　本手引き（試案）に一般的に用いられる用語を定めた．設計供用期間，要求性能，性能項目，社会・環境適合性は「鋼・合成構造標準示方書」[1]の用語の定義を記載している．

　一部の用語は，「鋼・合成構造標準示方書」[1]と定義が異なるもの，あるいは類似の用語が定義されており，参考までにこれらの比較を**解説表-1.5.1**に示す．

解説表-1.5.1　用語の定義の比較

本手引き（試案）		鋼・合成構造標準示方書 [1]	
用語	定義	用語	定義
作用	構造物上の車両走行によって振動・騒音を生じさせる働き	作用	構造物または部材に応力や変形の増減を起こしたり，材料特性に経時変化を生じさせるすべての働きで，外力作用と環境作用がある．外力作用には，固定作用，変動作用，偶発作用がある．
評価	構造物が振動・騒音に関する環境適合性を満たしているかどうかを判定する行為	照査	構造物が要求性能を満たしているか否かを，経験的かつ理論的確証のある解析による方法や，実物大等の供試体による確認実験等により判定する行為
評価指標	振動・騒音の評価に用いる振動レベル，騒音レベル等の指標の総称	照査指標	要求性能を定量的評価可能な物理量に置き換えたもの
予測値	構造物上の車両走行によって評価地点で予測される振動レベル，騒音レベル等の評価指標の数値	応答値	作用によって構造物に発生する物理量
基準値	評価に適用される法令・基準等に定められた振動・騒音の基準となる数値，あるいはこれと同等とみなせるもの	限界値	応答に対して許容される限界の値で，「限界状態」の種類によって定められる物理量

　また，**解説図-1.5.1**に示すように，本手引き（試案）では，新たな用語として「環境振動・騒音」を定義し，このうち「車両走行による振動・騒音」を本手引き（試案）の評価対象とした．日本建築学会等では「環境振動」が用いられており，日本建築学会における環境振動は，工場および事業場における事業活動，地震や風等の自然外力等を含む種々の要因により，周辺の居住環境及び事業活動に日常的に影響を及ぼす振動を対象としているが，本手引き（試案）の「環境振動・騒音」は，騒音も含め，構造物における車両走行，建設・保守工事等に起因する構造物周辺の振動・騒音を対象として定義することとした．また，建設工事や保守工事等のように，限定された期間のみでもその期間中は日常的に生じる振動・騒音も「環境振動・騒音」に含まれるものとした．

```
━━━━ 環境振動・騒音 ━━━━
　構造物において車両走行，建設・保守工事等により，周辺の日常の居住環境
および事業活動に影響を及ぼす振動・騒音

    ┌─── 本手引き（試案）の評価対象 ───┐
    │ 環境振動・騒音のうち「車両走行による振動・騒音」を対象 │
    └────────────────────┘
```

解説図-1.5.1　環境振動・騒音と本手引き（試案）の評価対象の関連

第1章の参考文献

1) 土木学会鋼構造委員会：鋼・合成構造標準示方書（総則編・構造計画編・設計編）［2016年制定］，土木学会，2016.7

2) 土木学会鋼構造委員会　鋼橋の振動・騒音に関する環境負荷低減工法の評価検討小委員会：鋼橋の振動・騒音問題とその対策事例，土木学会，2008.11

3) 振動規制法（昭和51年法律第64号）

4) 日本騒音制御工学会編：騒音規制の手引き［第3版］，技報堂出版，2019.5

5) 環境省：騒音に係る環境基準の評価マニュアル，2015.10

6) 環境省：新幹線鉄道騒音測定・評価マニュアル，2015.10

7) 環境省：在来鉄道騒音測定マニュアル，2015.10

8) 環境省 水・大気環境局大気生活環境室：よくわかる低周波音，2007.2

9) 土木学会鋼構造委員会：振動・騒音に配慮した鋼橋の使用性能評価に関する検討小委員会　報告書，土木学会，2011.9

第2章　評価および対策の基本

2.1　一般

車両走行に起因する構造物周辺の振動・騒音に関する環境適合性の評価は，走行する車両の種類，構造物の特性および周辺の状況，振動・騒音の特徴等に応じて適切な手法により実施し，その結果に基づき，必要に応じて所要の性能を満足できるように対策を施さなければならない．

【解説】

車両走行に起因する構造物周辺の振動・騒音に関する環境適合性の評価は，道路橋や鉄道橋における加振源の違い，構造物の形式や振動特性，構造物周辺の地形や建物の状況，振動・騒音の特徴等により適切な手法を用いる必要がある．また，評価の結果，所要の性能を満足できない場合には，振動・騒音対策を施すことが必要となる．

評価および対策の流れは，新設構造物および既設構造物等の種々の条件で異なるが，一般的な流れを解説図-2.1.1 に示す．

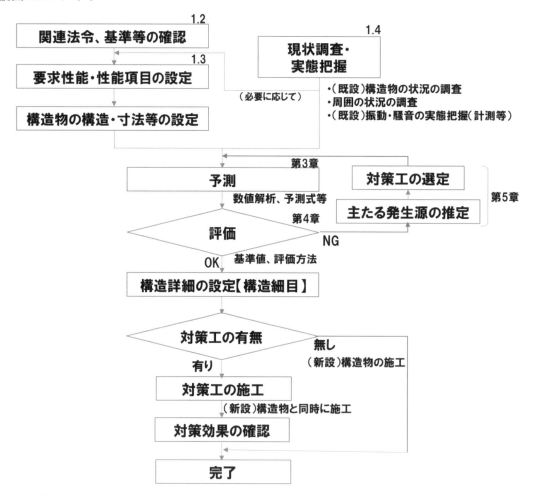

解説図-2.1.1　振動・騒音の評価および対策フロー（新設構造物，既設構造物共通）

評価および対策は，新設構造物，既設構造物それぞれについて，以下の流れとなる．

（a）新設構造物の場合，構造計画および設計段階で検討され，対策工は建設段階で同時に施工される．

① 構造物が施工される箇所について，適用される環境適合性に関する関連法令，基準等を調査するとともに，周辺の状況（既存の振動・騒音の状況，地形や地盤の状況，周辺の住居等の状況，騒音評価点の状況等）を調査する．

② 環境法令，基準等や，周辺状況の調査結果等をもとに，要求性能および性能項目を定め，構造物の構造・寸法等を設定し，各要求性能の照査を行う．照査する項目の一つとして，振動・騒音に関する環境適合性について，振動・騒音を予測して評価を行う．

③ 評価の結果，環境適合性を満足しない場合は，対策工の選定およびその構造の検討を行う．対策工を追加した構造物について再評価を行い，その構造詳細を設定する．

④ その後，構造物の施工時に，対策工がある場合にはその施工を行い，施工後には可能な限り対策効果を確認する．

（b）既設構造物の場合，周辺環境の変化や周辺住民からの苦情等により振動・騒音対策を検討する場合や，他の要因により構造物の改良が必要となりこれに伴い振動・騒音対策を検討する場合等がある．

① 適用される環境適合性に関する関連法令，基準等を調査するとともに，現状の構造物の振動・騒音の実態を測定等により把握する．また，振動・騒音対策を検討する際に参考とするため，構造物およびその周辺（地盤を含む）の状況を調査する．

② 環境法令，基準等や，構造物とその周辺状況の調査結果等をもとに，既存の構造物の諸寸法等を設定し，構造物の改良を行う場合はその構造・寸法等についても設定し，振動・騒音に関する環境適合性について，振動・騒音を予測して評価を行う．なお，構造物の改良を行う場合は，これ以外の各要求性能の照査も行う．また，現状の振動・騒音の測定結果を用いて評価を行うこともある．

③ 評価の結果，環境適合性を満足しない場合は，対策工の選定およびその構造の検討を行う．対策工を追加した構造物について再評価を行い，その構造詳細（既設構造物への取付け部の照査を含む）を設定する．

④ その後，対策工の施工を行い，施工後には可能な限り対策効果を確認する．

2.2　評価の方法

（1）車両走行に起因する構造物周辺の振動・騒音に関する環境適合性の評価は，性能を適切に表現しうる適切な指標を設定し，「**第3章　振動・騒音の予測**」により想定される作用による予測値が，基準値以下であることを「**第4章　振動・騒音に関する環境適合性の評価**」に基づき確認することにより行うことを原則とする．

（2）従来からの実績等により所要の環境適合性を満足することが明らかな構造または対策法は，前項の定量的な評価によらず，満足するものとみなしてよい．

【解説】

（1）について

　本手引き（試案）では，振動・騒音を予測して評価することを対象としている．振動・騒音を測定して評価する方法は，各種マニュアルによるものとし，本手引き（試案）では記載を省略した．

　なお，施工中に車両走行に起因する振動・騒音に関する評価が必要となる場合には，工事に伴う振動・騒音が含まれるため，別途の基準を適用して行うものとする．

　既設構造物の評価は，詳細な評価を省略し，既往の知見や過去の類似事例での実績等に基づき満足するものとみなして，試験的に施工した後に測定することにより，所要の環境適合性を満足している

ことを確認してよい.

　振動・騒音に関する環境適合性の評価においても，示方書に示されるような通常の照査フォーマットに基づき行うことを想定している（「**第4章　振動・騒音に関する環境適合性の評価**」参照）．本手引き（試案）では，評価式における安全係数は，これまでの評価において考慮していなかった経緯も踏まえ，便宜的にすべて1.0でよい．なお，本手引き（試案）に記載のない方法で評価する場合には，別途適切な数値を定めるものとする.

　評価は，現時点あるいは対策直後の状態を想定して行うことを基本と考えているが，例えば，想定される交通量を予測する際には構造物の設計供用期間を考慮すること，また対策工の検討においても構造物の設計供用期間中の安全性等の確保や維持管理の方法を考慮することなど，必要に応じて構造物の設計供用期間も意識する必要がある.

（2）について

　これまで多くの構造物は，同種の構造物や環境条件における既往の類似事例の実績等から判断して，振動・騒音対策を検討している．この場合，これまでの実績で特段問題ない場合には，本手引き（試案）では，評価して満足しているとみなしているものと扱ってよいこととした.

　既設構造物について振動・騒音対策を検討する際に，詳細な評価を省略して，既往の知見や過去の類似事例での実績等に基づき施工し，施工後に測定することにより，所要の環境適合性を満足していることを確認する場合がある．この場合，事前の評価は既往の知見や実績等から満足していると見なして施工に入るものであるが，環境適合性の評価は施工後の測定でもって確認することとなる.

2.3　評価指標および基準値の設定

（1）振動・騒音を定量的に評価する場合の評価指標および基準値は，振動に関しては「振動規制法」，騒音に関しては「環境基本法」および「騒音規制法」によることを基本とする.

（2）道路橋および鉄道橋の振動・騒音を定量的に評価する場合の評価指標および基準値は，それぞれ適用される法令・基準等に基づき，構造物の特性や振動・騒音の特性に応じて，適用実績に基づく信頼性等も考慮して設定するものとする.

【解説】

　本手引き（試案）では，一般の照査で用いられる「限界値」をこれまで評価に用いてきた振動・騒音の基準値とし，本評価に用いる所要のレベルを満足しうる限度の値として用いることとする.

　振動・騒音の基準値は，振動・騒音の特性や受振側や受音側の感覚に依存するところが大きく一律に定めることはできないため，「**4.2　構造物の振動・騒音に関する環境適合性の評価**」には，基準値の例として，道路橋および鉄道橋で多く用いられる基準値を例示した.

　道路橋の場合の基準値は，振動については要請限度（振動規制法），騒音については環境基準（環境基本法）によることを基本とした．また，低周波音については，法的基準や目標は設定されておらず，「低周波音問題対応の手引書」[1]を参考にすることを基本とするが，取り扱いには注意を要する.

　鉄道橋の場合の基準値は，振動については，新幹線の場合は「環境保全上緊急を要する新幹線鉄道振動対策について（勧告）」[2]による．また，騒音については，新幹線の場合は「新幹線鉄道騒音に係る環境基準について」[3]に，在来鉄道の場合は「在来鉄道の新設又は大規模改良に際しての騒音対策の指針について」[4]による．なお，低周波音については明確でないため，適用される基準等をもとに適宜定めるものとする.

2.4　対策工の選定

振動・騒音の対策方法は，「**第5章　対策工**」により，主たる発生源を推定し，振動・騒音の支配要因を明らかにした上で，その要因の低減効果が検証された手法を選定するものとする．

【解説】

振動・騒音対策を検討する際には，まず主たる発生源や各振動の受振側や受音側の寄与度等の実態を把握し，その支配要因を明らかにした上で，それが低減できる対策工を選定することが重要である．具体的には，「**第5章　対策工**」による．

対策工には，発生源となる走行車両，道路橋の路面や鉄道橋の軌道の振動，構造物の振動，地盤や大気等の振動・騒音の伝播経路，そして受振側や受音側のそれぞれで講じるものがあり，本来はそれらを含めて総合的に対策工の検討をすべきである．しかしながら，本手引き（試案）では，鋼橋（上部構造）に施工される対策工を主として対象とし，走行車両，受振側や受音側の対策については適用範囲外であるため，記載を省略した．

第2章の参考文献

1) 環境省：低周波音問題対応の手引書，2004.6
2) 環境省：環境保全上緊急を要する新幹線鉄道振動対策について（勧告），1976.3 公布，環大特 32 号
3) 環境省：新幹線鉄道騒音に係る環境基準について，1975.7 告示（2000 改正）
4) 環境省：在来鉄道の新設又は大規模改良に際しての騒音対策の指針について，1995.12 公布

第3章　振動・騒音の予測

3.1　一般

（1）構造物の振動・騒音の予測は，その精度が検証された手法を用いなければならない．一般に，汎用的な手法による予測，数値解析による予測，類似構造の実績による予測から，最適な手法を用いるものとする．

（2）既設構造物の振動・騒音の予測は，過去あるいは現況での測定結果も踏まえて予測するのがよい．

（3）構造物の振動・騒音の予測に用いる，交通荷重，構造物および地盤のモデル化は，予測手法に応じて適切に行わなければならない．

（4）既設構造物について測定値を用いて評価する場合，評価に適した手法により測定しなければならない．

【解説】

（1）について

　一般に，構造物の振動・騒音の予測においては，予測の目的や，対象構造物について得られる情報等に応じて，汎用的な手法，数値解析，類似構造の実績の中から，最適な手法を採用する．

　汎用的な手法は，数多くの実測データに基づき，回帰等によって経験的に構築された，複数の独立変数から従属変数としての予測値を算出する数式の形をとるものが多い．独立変数には，振動・騒音に影響を与え得る要因の中から，数式構築の段階で有意と判断された要因のみが設定される．予測対象の構造物について，それらの独立変数への入力値を決定することで，振動・騒音の予測値が算出される．適用範囲・条件や予測精度は，数式構築の際に用いた実測データに依存するため，それらを理解した上で用いる必要がある．

　数値解析は，物理的なメカニズムに基づく演繹的な手法との側面があるため，上述のように適用範囲が限定される汎用的な手法に比べ，広く用いることができる．一方で，振動・騒音の予測は動的な問題であることや，モデル化の対象が空間的に広範囲に及ぶことなどから，比較的高度な解析技術や判断が求められ，また計算コストが高くなるため，一般的な実務に用いることが難しい場合もある．数値解析を行う際には，予測結果の信頼性を確保する上で，用いる解析手法の Verification（検証）と Validation（妥当性確認）が重要となる．アメリカ機械学会によれば，Verification は，数値解析における計算モデルが対象とする数理モデルとその解を正しく表しているか否かを検証するプロセスで，計算モデルの検証（Solution/Calculation verification）と計算コードやソフトウェアの検証（Code verification）から成ると考えられている．一方，Validation は，モデルの使用目的の観点からモデルが対象の実現象をどの程度正確に表しているのかを確認するプロセスで，同一問題を対象とした物理実験と数値解析の結果の定量的比較に基づく，予測精度の評価とされている．一般に，数値解析を行う際には，汎用的な数値解析ソフトウェアを利用する場合と，予測者等が独自に開発したプログラムを使用する場合が想定される．汎用的なソフトウェアを使用する場合には，Verification の一部，すなわち Code verification は保証されていると考えるのが一般的であるが，計算結果のメッシュ依存性等の誤差評価を含む Solution/Calculation verification については，ソフトウェア使用者が行うこととなる．数値解析に関して詳しくは，本書**第Ⅱ編**および各学協会の委員会報告書[1,2]も参照されたい．

　類似構造の実績による予測とは，対象構造物および周辺環境が類似で，すでに同等の構造について十分な精度の測定結果がある場合，その測定値をもとに予測値を設定することを指す．

（2）について

　既設構造物に対する振動・騒音の対策工の効果予測や，鉄道における増便，走行速度向上等といった交通状況の変化の影響の予測等，既設構造物の振動・騒音の予測を行う場合には，過去あるいは現況との比較が求められる場合が多いため，その測定を行った上で予測をすることが望ましい．また，その測定結果は，予測手法の Validation にも利用できる．

（3）について

　特に，数値解析による予測を行う場合には，その目的に応じて，モデル化の方針を決める必要がある．基本的には，振動・騒音の原因と推定される物理現象を表すことができるモデル化を行う．例えば，対象とする周波数が高くなれば，振動・騒音の原因は構造物の局部的な動的挙動となるため，周波数領域に応じて，構造物をどの程度まで詳細にモデル化する必要があるかを判断することとなる．構造物モデルの境界条件となり，さらに振動の伝播経路ともなる地盤のモデル化も，予測目的に応じて必要となる．交通荷重については，道路橋の場合，様々な車両がランダムに走行することが想定されるため，実際の状況を数値解析で再現するのは困難であり，振動・騒音の発生に最も影響の大きい大型車両の単独走行を荷重として採用している例が多い．一方，鉄道橋の場合は，道路橋と比較して，走行する列車の諸元等が想定しやすいため，高速鉄道の振動・騒音予測では，実際に走行する車両を精緻にモデル化している．これらの例のように，走行車両を移動する動的システムとしてモデル化することで，構造物と走行車両の動的連成を考慮した数値解析が可能となる．

（4）について

　既設構造物の振動・騒音が問題となる場合，測定に基づきそれらを評価することが望ましい．問題の原因が明確であれば，原因となっている振動・騒音を，「第4章　振動・騒音に関する環境適合性の評価」で述べる評価基準と比較できる形で測定する．測定時間や時間帯，測定地点等，評価基準に付随して定められた条件で測定を行う必要がある．一方，振動・騒音は，複合的に発生することが多いため，問題の原因が振動なのか騒音なのか，必ずしも明確でない場合も多い．そのような場合には，適切な評価を行うために，振動と騒音いずれも測定することが望ましい．また，対策工の効果を確認するための測定では，評価基準との比較のための測定に加え，測定地点を増やしたり，様々な分析が可能な形でデータを記録したりするなど，目的に応じてより詳細な測定も行うことが望ましい場合もある．

3.2　構造物の振動・騒音の予測
3.2.1　道路橋の振動・騒音の予測

（1）道路橋の振動・騒音の汎用的な予測は，道路構造，橋梁の種類，交通量，車種，車両の速度等の走行状態，車線数，路面平坦性，舗装の種類，地盤卓越振動数，加振源や騒音源から予測地点までの距離や位置関係，伝播経路中の障害物等，振動・騒音に影響を及ぼす各種要因を考慮して行うものとする．

（2）道路橋の振動・騒音の予測において，予測対象が汎用的な手法等の適用範囲外の場合や，汎用的な手法の適用範囲内であっても，橋梁の構造諸元などの詳細情報が得られ，かつ周辺環境への振動・騒音・低周波音の影響が懸念される場合には，物理的なメカニズムに基づく数値解析を行うことが望ましい．

【解説】

（1）について

1) 道路橋の振動の予測

　道路交通振動の汎用的な予測手法には，国土交通省国土技術政策総合研究所および土木研究所による「道路環境影響評価の技術手法」[3]に示されている「自動車の走行による振動」の予測手法があり，土木研究所式と呼ばれることが多い．この予測手法は，「振動レベルの八十パーセントレンジの上端値を予測するための式」とされており，数多くの振動実測結果から経験的に導かれた式である．予測地点は，「原則として対象道路の区域の境界線」上の地盤とされている．鉛直方向の振動のみが予測対象である．

　ここで，「振動レベル」とは，計量法で定められた振動に関する計量単位で，計量単位令の別表第二第七号において，

　　「振動加速度実効値（メートル毎秒毎秒で表した加速度の瞬時値の二乗の一周期平均の平方根をいう．以下同じ．）の十万分の一に対する比の常用対数の二十倍又は振動加速度実効値に経済産業省令で定める感覚補正を行って得られた値の十万分の一に対する比の常用対数の二十倍」

と定義されている量のうち，経済産業省令（計量単位規則）第七条及び別表第十一で定められた感覚補正を行って得られる量のことを指す．また，「振動レベルの八十パーセントレンジの上端値」とは，時間的に変動する振動レベルのすべての値を大きさ順に並びかえて大きい方から 10%目の数値のことである．

　以下，「道路環境影響評価の技術手法（平成 24 年度版）」（国土技術政策総合研究所）を加工した内容で，予測手法を概説する．本解説執筆時点での最新版（平成 24 年度版）では，予測手法は以下の式（以下，「予測式」と呼ぶ）で与えられており，走行車両や路面平坦性，道路構造等を説明変数とする回帰式により基準点における予測値を算出した後，距離の影響を考慮してその値を補正することで予測地点での値を求める方法である．

$$L_{10} = L_{10}^* - \alpha_1 \qquad\qquad (解 3.2.1)$$

$$L_{10}^* = a \cdot \log_{10}(\log_{10} Q^*) + b \cdot \log_{10} V + c \cdot \log_{10} M + d + \alpha_\sigma + \alpha_f + \alpha_s \qquad (解 3.2.2)$$

ここで，

　　L_{10}：振動レベル 80%レンジの上端値の予測値 (dB)

　　L_{10}^*：基準点における振動レベル 80%レンジの上端値の予測値 (dB)

　　Q^*：500 秒間の 1 車線当たり等価交通量（台/500 秒/車線）

$$= \frac{500}{3600} \times \frac{1}{M} \times (Q_1 + K Q_2)$$

　　Q_1：小型車時間交通量（台/時）

　　Q_2：大型車時間交通量（台/時）

　　K：大型車の小型車への換算係数

　　V：平均走行速度（km/時）

　　M：上下車線合計の車線数

　　α_σ：路面の平坦性等による補正値 (dB)

　　α_f：地盤卓越振動数による補正値 (dB)

　　α_s：道路構造による補正値 (dB)

α_1：距離減衰値 (dB)

a, b, c, d：定数

　道路構造が，「高架道路」および「高架道路に併設された平面道路」の場合の各定数および補正値等を**解説表-3.2.1**に示す．ここで，高架道路に併設された平面道路の場合をあわせて示している理由は，「高架道路には平面道路が併設されていることが多く，両方の影響を考慮に入れなければ」，適切に振動を予測できないからである．距離減衰値α_1を算出する際に必要な基準点を，**解説図-3.2.1**に示すように，高架道路の場合は「予測側橋脚の中心より 5 m 地点」，高架道路に併設された平面道路の場合は「併設する平面道路の最外側車線中心より 5 m 地点」と定められている．また，ここでの地盤卓越振動数とは，大型車単独走行時の地盤振動の卓越振動数を指す．

　解説表-3.2.2はこの予測式の適用範囲を示しており，予測式作成に当たり用いられた実測データの範囲を勘案して設定されている．

　なお，この予測式は，定期的に見直されてきており，使用する際には，その時点での最新版を使用することが望ましい．

解説表-3.2.1　道路交通振動予測式の定数および補正値等 [3)から一部抜粋して作表]

（出典：国土技術政策総合研究所，道路環境影響評価の技術手法（平成 24 年度版））

道路構造	K	a	b	c	d	α_σ	α_f	α_s	$\alpha_1 = \beta \log(r/5+1)/\log 2$ r：基準点から予測地点までの距離 (m)
高架道路	100 < V ≤ 140 km/h のとき 14　V ≤ 100 km/h のとき 13	47	12	7.9	1 本橋脚では 7.5　2 本以上橋脚では 8.1	$1.9 \log_{10} H_p$ H_p：伸縮継手部より±5 m 範囲内の最大高低差 (mm)	$f \geq 8$ Hz のとき $-6.3\log_{10}f$　$f < 8$ Hz のとき -5.7　f：地盤卓越振動数 (Hz)	0	$\beta : 0.073 L_{10}^* - 2.3$
高架道路に併設された平面道路				3.5	21.4	アスファルト舗装では $8.2\log_{10}\sigma$ コンクリート舗装では $19.4\log_{10}\sigma$　σ：3 m プロフィルメータによる路面凹凸の標準偏差 (mm)	$f \geq 8$ Hz のとき $-17.3\log_{10}f$　$f < 8$ Hz のとき $-9.2\log_{10}f - 7.3$		

解説表-3.2.2　道路交通振動予測式の適用範囲 [3) に基づき作成]

（出典：国土技術政策総合研究所，道路環境影響評価の技術手法（平成 24 年度版））

	変数等	適用範囲
1	等価交通量	10〜1,000（台/500 秒/車線）
2	走行速度	20〜140 (km/h)
3	車線数	高架道路以外 2〜8，高架道路 2〜6
4	路面平坦性等	高架道路以外　路面平坦性標準偏差 1〜8 (mm)
		高架道路　伸縮継手部より±5 m 範囲内の最大高低差 1〜30 (mm)

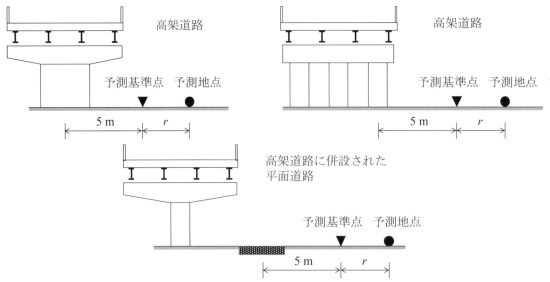

解説図-3.2.1　振動予測式の予測基準点と予測地点 [3) を一部抜粋して作図]

（出典：国土技術政策総合研究所，道路環境影響評価の技術手法（平成24年度版））

2) 道路橋の騒音の予測

　道路橋からの騒音の汎用的な予測手法としては，日本音響学会による「道路交通騒音の予測モデル ASJ RTN-Model」[4)]に含まれる「高架構造物音」の予測手法がある．高架構造物音の定義は，以下のように与えられている．

　　　「高架道路上を自動車が走行したとき，その加振力によって高架構造物の床版，桁等が振動し，それによって床版の裏面，桁等の表面から放射される騒音．ただし，伸縮継手部を加振源として発生する衝撃音（ジョイント音と呼ぶこともある）は含めない．」

　ASJ RTN-Model は，音源モデルと伝搬計算による予測法であり，等価騒音レベル $L_{Aeq,T}$ を騒音評価量とするエネルギーベースの道路交通騒音の予測計算方法を与える．ASJ RTN-Model は5年ごとに内容が見直されることになっており，本解説では，ASJ RTN-Model 2018 について述べる．実際に，ASJ RTN-Model を使用する場合には，その時点での最新版を使用することが望ましい．

　解説図-3.2.2 に，ASJ RTN-Model による騒音予測計算の手順を示す．ASJ RTN-Model により道路橋からの騒音を予測する場合，**解説図-3.2.2** に示すように，走行車両に起因する騒音に，高架構造物音の影響を加える方法をとる．ASJ RTN-Model による予測計算においては，対象とする道路上を点音源と見なせる1台の自動車が走行したときの予測点における騒音レベルの時間変化（ユニットパターン）及びその時間積分値を求めることが基本となる．その結果に交通条件（交通量，車種構成等）を考慮して，予測点における騒音のエネルギー的な時間平均値を求める．ただし，構造物全体から放射される高架構造物音の予測の場合には，後述の通り，仮想的な音源を設定して予測する方法となっている．

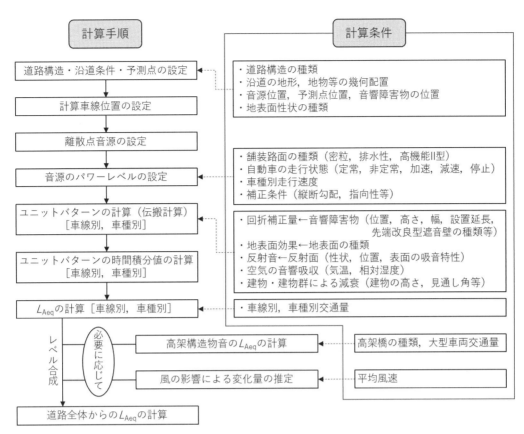

解説図-3.2.2　ASJ RTN-Model の予測計算の手順 [4] を一部改変して作図

（出典：日本音響学会，道路交通騒音の予測モデル"ASJ RTN-Model 2018"，日本音響学会誌，75 巻 4 号，pp.194, 2019 年 4 月）

　予測手法を後述するが，説明で使用される用語の定義は，ASJ RTN-Model 2018 では以下の通り与えられている．

・騒音レベル／A 特性音圧レベル（L_A）：

　　JIS Z 8731:1999 による（ただし，この JIS では記号としてL_{pA}が用いられている）．JIS C 1509-1:2005 によれば A 特性時間重み付きサウンドレベルともいう．

・等価騒音レベル（$L_{Aeq,T}$）：

　　JIS Z 8731:1999 による．時間Tを省略してL_{Aeq}と標記することもある．JIS C 1509-1:2005 によれば A 特性時間平均サウンドレベルともいう．

・単発騒音暴露レベル（L_{AE}）：

　　自動車が 1 台通過したときなど，単発的に発生する騒音の A 特性 2 乗音圧を発生時間全体にわたって積分し，単位時間（1 s）で基準化してレベル表示した量（単位：dB）であり，次式で表される．

$$L_{AE} = 10 \log_{10} \left[\frac{\frac{1}{T_0} \int_{t_1}^{t_2} p_A^2(t)dt}{p_0^2} \right] \qquad (解\,3.2.3)$$

ここで，$T_0 = 1$ s（基準の時間），$p_A(t)$は時刻tの瞬時 A 特性音圧(Pa)，$p_0 = 20$ μPa（基準の音圧），$t_1 \sim t_2$は対象とする騒音の継続時間を含む時間(s)である．

・自動車走行騒音の A 特性音響パワーレベル（L_{WA}）：

　1台の自動車を点音源と見なした場合，それが放射する音響パワー（1s当たりに放射する音響エネルギー）に周波数重み付け特性Aをかけて評価した量P_A(W)をレベル表示した量（単位：dB）で，次式で与えられる．

$$L_{WA} = 10 \log_{10} \frac{P_A}{P_0} \tag{解 3.2.4}$$

ここで，$P_0 = 1$ pW（基準の音響パワー）である．なお，パワーレベルの周波数特性を表すために，$1/n$オクターブバンドごとのパワーレベルで表示した場合には$1/n$オクターブバンド音響パワーレベルと呼ぶ．

・ユニットパターン：

　道路上を1台の自動車が走行したとき，一つの予測点（観測点）における騒音レベルの時間変化のパターン．一般には時間の関数として表されるが，予測計算の上では走行車線上の距離の関数として取り扱うこともある．

　以下では，特に高架構造物音のみについて，予測の具体的な手順を説明する．走行車両に起因する騒音の予測手法の詳細は，参考文献を参照されたい．

　まず，高架構造物音予測手法の適用範囲について，対象とする高架橋は，一般的な形式の鋼橋およびコンクリート橋に限定しており，鋼橋については，鋼鈑桁橋および鋼箱桁橋が対象である．また，「大型車類」（大型車と中型車：ナンバープレートの頭文字が1, 2, 9, 0の車両）が40 km/h以上で走行した際に発生する高架構造物音を対象としている．

　高架構造物音の計算方法は，「仮想音源の設定」，「仮想点音源のA特性音響パワーレベル」の計算，「ユニットパターンの計算」，「ユニットパターンのエネルギー積分とL_{Aeq}の計算」の4段階で構成されている．それぞれの段階を以下に説明する．

(i)　仮想音源の設定

　高架構造物音は構造物全体から放射されているが，計算の便宜上，等価な音源として自動車走行に連動して移動する無指向性点音源を考え，高架橋の桁直下（桁橋の場合は主桁の下端）で上下線のそれぞれ中央に仮想車線を設定し，それをいくつかの区間に分割する．次に一つの分割区間に着目し，その中点を代表点（音源点）に選んで点音源を設定する．

(ii)　仮想点音源のA特性音響パワーレベル

　各仮想点音源のA特性音響パワーレベル$L_{WA,str}$(dB)は，次式で計算する．

$$L_{WA,str} = a + 30 \log_{10} V \tag{解 3.2.5}$$

ここで，Vは走行速度(km/h)である．また，定数aは橋種ごとに定められた値であり，鋼橋については，**解説表-3.2.3**の値を用いる．橋種は**解説表-3.2.3**に示す3分類を基本とし，コンクリート床版について鋼桁断面を確定できない場合は2分類を利用する．

解説表-3.2.3　橋種別の定数aの値 [4] から一部抜粋

橋種		a	
鋼橋	鋼床版鋼箱桁橋	40.7	
	コンクリート床版鋼箱桁橋	35.5	38.9
	コンクリート床版鋼鈑桁橋	40.4	

(iii) ユニットパターンの計算

　　ある仮想点音源iから予測点へ伝搬する騒音の A 特性音圧レベル$L_{A,str,i}$(dB)は，幾何拡散（逆 2 乗則）を基本とし，かつ高架路面音部分の床版等による音の遮蔽を考慮した次式によって計算する（この間は，走行速度Vは一定とする）．

$$L_{A,str,i} = L_{WA,str} - 8 - 20 \log_{10} r_i + \Delta L_{dif,i} \qquad \text{(解 3.2.6)}$$

ここで，r_iは仮想点音源iから予測点までの距離(m)，$\Delta L_{dif,i}$は高架床版等による高架構造物音に関する回折補正量(dB)である．すべての仮想点音源に対してこの計算を行う．

　　つぎに，すべての仮想点音源からの寄与をエネルギー的に加算するために，仮想点音源iによる予測点における A 特性音響エネルギー密度に比例する量として，次の式で得られる A 特性 2 乗音圧$p_{A,str,i}^2$(Pa²)を考える．

$$L_{A,str,i} = 10 \log_{10} \frac{p_{A,str,i}^2}{p_0^2} \qquad \text{(解 3.2.7)}$$

　　仮想点音源iが代表する区間を自動車が走行している時間Δt_i(s)については，その間，音源がその区間の中心に停止していると考え，次式によって予測点に到達する音の A 特性 2 乗音圧をΔt_iにわたって時間積分し，その間の A 特性音響暴露量$E_{A,str,i}$(Pa²s)を求める．

$$E_{A,str,i} = p_{A,str,i}^2 \cdot \Delta t_i = p_{A,str,i}^2 \cdot \frac{\Delta l_i}{v} \qquad \text{(解 3.2.8)}$$

ここで，Δl_iは仮想点音源iが代表する区間の長さ(m)，vは走行速度(m/s)である．

　　以上の計算を仮想点音源ごとに行い，それらの結果から，1 台の自動車が対象とする高架橋の全延長を通過する間の予測点における高架構造物音のユニットパターンが求められる．

(iv) ユニットパターンのエネルギー積分とL_{Aeq}の計算

　　求めたユニットパターンより，1 台の自動車の走行による予測点における A 特性 2 乗音圧の時間積分値の総量（A 特性音響暴露量）$E_{A,str}$(Pa²s)を次式により求める．

$$E_{A,str} = \sum_i E_{A,str,i} = \sum_i p_{A,str,i}^2 \cdot \Delta t_i = \sum_i p_{A,str,i}^2 \cdot \frac{\Delta l_i}{v} = \sum_i p_{A,str,i}^2 \cdot \frac{3.6\Delta l_i}{V} \qquad \text{(解 3.2.9)}$$

ただし，Vは走行速度(km/h)（$v = V/3.6$）である．これをレベル表示した量が単発騒音暴露レベルL_{AE}である．

$$L_{AE,str} = 10 \log_{10} \frac{E_{A,str}}{E_0} = 10 \log_{10} \left(\frac{1}{T_0} \sum_i 10^{L_{A,str,i}/10} \cdot \Delta t_i \right) \qquad \text{(解 3.2.10)}$$

ここで，$E_0 = 4 \times 10^{-10}$(Pa²s)（基準の音響暴露量），$T_0 = 1$(s)（基準の時間）である．上式より，1 台の自動車が走行したときの単発騒音暴露レベルL_{AE}(dB)は，各仮想点音源から予測点へ伝搬する騒音の A 特性音圧レベル$L_{A,str,i}$(dB)から直接算出できることがわかる．

　　以上の計算によって求められた 1 台の自動車が走行したときの単発騒音暴露レベルL_{AE}(dB)に，対象とする時間T(s)内の交通量N_T(台)を考慮することにより，次式で表されるように，その時間のエネルギー平均レベルである等価騒音レベル$L_{Aeq,str,T}$(dB)が求められる．

$$L_{Aeq,str,T} = 10 \log_{10} \left(10^{L_{AE,str}/10} \cdot \frac{N_T}{T} \right) = L_{AE,str} + 10 \log_{10} \frac{N_T}{T} \qquad \text{(解 3.2.11)}$$

　　車線別・車種別にこの計算を行い，それらの結果のレベル合成値を計算して予測点における道路全体からの高架構造物音の$L_{Aeq,str,T}$(dB)とする．例えば，車線j，車種kに対して以上の手順で得られる等価騒音レベルを$L_{Aeq,str,T,jk}$(dB)と表せば，レベル合成値$L_{Aeq,str,T}$(dB)は次式で得られる．

$$L_{Aeq,str,T} = 10 \log_{10} \left(\sum_j \sum_k 10^{\frac{L_{Aeq,str,T,jk}}{10}} \right) \qquad \text{(解 3.2.12)}$$

　　なお，高架道路の上下線がセパレート構造となっていて，中央分離部が開いている場合には，各々の高架道路が単独で存在していると考えて計算する．

3) 道路橋の低周波音の予測

　道路橋からの低周波音の汎用的な予測手法としては，国土交通省国土技術政策総合研究所および土木研究所による「道路環境影響評価の技術手法」[3]に示されている「自動車の走行による低周波音」の予測手法があり，「既存調査結果より導かれた予測式による方法」と「類似事例により予測する方法」の2種類が示されている．

　「既存調査結果より導かれた予測式による方法」は，既存調査結果に基づき「1〜80 Hz の50%時間率音圧レベルL_{50}」および「1〜20 Hz の G 特性5%時間率音圧レベルL_{G5}」を予測するものである．予測地点は，保全対象の「住居等の位置の地上1.2 m を原則とする」とされている．

　ここで，「50%時間率音圧レベル」とは，音圧レベルが，評価対象とする時間範囲Tの50%の時間にわたってあるレベル値を超えている場合に，このレベル値のことを言う．また，「G 特性」とは，1〜20 Hz の超低周波音の人体感覚を評価するための周波数補正特性で，ISO 7196 で規定されており，可聴音における聴感補正特性である A 特性に相当するものである．

　以下，「道路環境影響評価の技術手法（平成24年度版）」（国土技術政策総合研究所）を加工した内容で，予測手法を概説する．本解説執筆時点での最新版（平成24年度版）では，**解説表-3.2.4** に示した適用範囲に対して，予測式が以下のように与えられている．大型車類交通量を説明変数とする回帰式により基準点の低周波音圧レベルを求め，次に，距離減衰を考慮して予測地点の低周波音圧レベルを算出する方法である．

$$L_0 = a \cdot \log_{10} X + b \qquad (解\ 3.2.13)$$
$$L = L_0 - 10 \cdot \log_{10}(r/r_0) \qquad (解\ 3.2.14)$$

ここで，

　　L：予測位置における低周波音圧レベル (dB)

　　L_0：基準点における低周波音圧レベル (dB)

　　X：大型車類交通量（台/時）

　　r：道路中心から予測地点までの斜距離 (m)

　　r_0：道路中心から基準点までの斜距離 17.4 m（**解説図-3.2.3** 参照）

　　a, b：定数

　　　　　評価指標をL_{50}とする場合：$a = 21,\ b = 18.8$

　　　　　　　　　　L_{G5}とする場合：$a = 17,\ b = 37.2$

解説表-3.2.4　道路橋からの低周波音の予測式の適用範囲 [3] に基づき作成

（出典：国土技術政策総合研究所，道路環境影響評価の技術手法（平成24年度版））

	適用範囲
1	橋もしくは高架の上部工形式が鋼鈑桁橋，鋼箱桁橋，PCT 桁橋，PC 箱桁橋，コンクリート中空床版橋
2	大型車類交通量が 2100 台/時以下

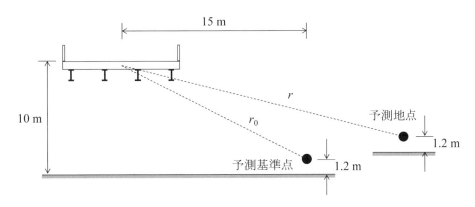

解説図-3.2.3　低周波音予測式の予測基準点と予測地点 [3) を一部加筆修正して作図]

（出典：国土技術政策総合研究所，道路環境影響評価の技術手法（平成24年度版））

一方，「類似事例による予測手法」は，**解説表-3.2.4** の適用範囲以外の場合に用いる手法で，対象道路橋もしくは高架の上部工形式および交通条件が類似する既存の橋もしくは高架において現地実測調査を行い，その結果から対象橋梁による低周波音圧レベル，すなわち，「沿道の1～80 Hzの50%時間率音圧レベルL_{50}」および「1～20 HzのG特性5%時間率音圧レベルL_{G5}」を予測するものである．

低周波音の現地実測調査は，「低周波音の測定方法に関するマニュアル」[5]等を参考とし，「沿道の1～80 Hzの50%時間率音圧レベルL_{50}」および「1～20 HzのG特性5%時間率音圧レベルL_{G5}」を測定することとされている．実測調査に関する特記事項として，次の2点が挙げられている．

・　調査は低周波音の状況が1年間を通じて平均的な状況を呈する平日に行うことを原則とし，調査時間帯は昼間および夜間の各時間帯において10分間の測定を標準として1回以上測定する
・　測定状況を把握するため，交通条件，測定点周辺の地形条件，土地利用状況等の周辺条件，測定時の気象条件（天候，風向，風速等）を調査する

なお，これらの予測手法は，将来的に見直される可能性があるため，使用する際には，その時点での最新版を使用することが望ましい．

（2）について

橋梁もしくは高架橋の構造が特殊な場合等，対象とする橋梁等の条件が予測手法の適用範囲外である場合や，橋梁の構造諸元等の詳細情報が得られ，かつ周辺環境への振動・騒音・低周波音の影響が懸念される場合には，物理的なメカニズムに基づく数値解析を行うことが望ましい．

物理的メカニズムに基づく数値解析については，予測の目的に応じて異なるアプローチがとられることとなり，既往の研究等においても様々な予測手法が用いられている．

道路橋の振動予測に関しては，走行車両と橋梁の動的相互作用を考慮した数値解析が，現象の物理的メカニズムに立脚した予測方法と言える[例えば，1),6),7)]．より実務的な方法として，既設橋を対象とした測定と数値解析により車両による加振力を推定し，この加振力を当該橋梁の対策工検討のための数値解析に利用する手法も提案されている[8]．

これらの方法で得られた橋梁の振動予測結果を入力として，地盤振動伝播解析や音響伝搬解析を行えば，周辺環境での振動，騒音，低周波音が予測できることとなる．一般に，地盤振動の伝播解析には有限要素法(FEM)（薄層要素法を含む）等が，音響伝搬解析には境界要素法(BEM)や時間領域有限差分法(FDTD法)等がそれぞれ用いられる[1]．

以上，物理的メカニズムに基づく数値解析について，詳しくは，本書**第Ⅱ編**を参照されたい．

3.2.2　鉄道橋の振動・騒音の予測

（1）鉄道橋の騒音（低周波音は除く）の汎用的な予測は，構造形式，車両形式，列車速度，軌道構造や状態，振動発生源，伝播経路等，騒音に影響を及ぼす各種要因を考慮して行うものとする．

（2）鉄道橋の振動および低周波音の予測は，汎用的な予測手法は確立されておらず，類似の実測事例や既存の知見に基づく回帰式等を参考として行ってよい．

（3）鉄道橋の振動・騒音の予測において，予測対象が汎用的な手法等の適用範囲外の場合や，汎用的な手法の適用範囲内であっても，橋梁の構造諸元等の詳細情報が得られ，かつ周辺環境への振動・騒音の影響が懸念される場合には，物理的なメカニズムに基づく数値解析を行うことが望ましい．

【解説】

（1）について

鉄道騒音の汎用的な予測手法には，在来鉄道騒音の予測評価手法 [9)-11)] と新幹線沿線騒音の予測手法 [12)] があり，いずれも音源モデルと伝搬計算による予測手法である．在来鉄道騒音の予測評価手法では，電車が走行するときの転動音，構造物音，車両機器（モーターファン音）の 3 種類を，新幹線沿線騒音の予測手法では，車両下部騒音（転動騒音，ギヤ騒音，空力騒音），構造物騒音，車両上部空力騒音，集電系騒音の 4 種類を，それぞれ音源として考慮し，すべての音源による騒音レベルのデシベル和によって騒音を予測することとしている．

これらの音源のうち，橋梁に起因する構造物音（あるいは構造物騒音）については，橋梁下面中央に仮想的な音源を配し，それに実測値に基づいて経験的に設定された音源パワーレベルを与えることで，構造物音予測のための音源モデルとしている．ただし，両手法ともに，適用対象となる橋梁は，コンクリート高架橋のみであり，鋼橋は適用対象外となっている．

ここでは，在来鉄道の騒音の予測手法 [9)-11)] について，主として構造物音による等価騒音レベルの予測方法について示す．この予測手法の適用範囲は以下とされている．

- 列車は速度 50～150 km/h の範囲で定速走行している
- 受音点は軌道から 10～100 m の距離の範囲にある
- 線路は平坦，直線であり，ロングレールが敷設されている．レール表面には目立った凹凸がない．軌道は，バラスト軌道またはスラブ軌道である．
- 列車編成は極端に短くない
- 対象列車は電車である．気動車，機関車からはエンジン音が発生するが，測定例が少なく定量的な評価予測ができないため，エンジン音はとりあげない．
- 車輪は通常の構造であり，踏面には著しいフラットやコルゲーションがない

このとき，列車一編成の走行により，ある受音点において生じる構造物音の A 特性音圧レベルL_Aは次の式で与えられる．

$$L_A = PWL_C - 5 - 10 \log_{10} d + 10 \log_{10} \left[K\left(\frac{x_2}{d}\right) - K\left(\frac{x_1}{d}\right) \right] \quad \text{（解 3.2.15）}$$

ここで，PWL_C(dB)は構造物音の音源パワーレベルで，コンクリート高架橋の場合，列車の走行速度がV(km/h)のとき，経験的に，

$$PWL_C = PWL_C(100) + 20 \log_{10} \left(\frac{V}{100}\right) \quad \text{（解 3.2.16）}$$

で得られるとされている．また，dは直線音源から受音点までの距離(m)，x_1, x_2は音源直線上にx軸を取り，受音点の正面位置を原点（$x = 0$）としたときの線音源の両端の位置(m)，関数$K(\xi)$は，

$$K(\xi) = \frac{1}{2}\left(\frac{\xi}{\xi^2+1} + \arctan \xi\right) \qquad \text{(解 3.2.17)}$$

で与えられる．$PWL_C(100)$は，走行速度 100 km/h での構造物音の音源パワーレベルで，経験的に 80〜84 dB とされている [11]．

線音源としての列車が速度v(m/s)で移動しているとすれば，線音源の中央が受音点の正面に位置する時間に A 特性音圧レベルは最大値L_{Amax}(dB)をとり，次式により算出できる．

$$L_{Amax} = PWL_C - 5 - 10 \log_{10}d + 10 \log_{10}\left(\frac{s/2d}{1+(s/2d)^2} + \arctan \frac{s}{2d}\right) \qquad \text{(解 3.2.18)}$$

ここで，sは線音源の長さ(m)，すなわち列車長である．なお，線路に近い受音点においては，上式は近似的に次式で表せる．

$$L_{Amax} \approx PWL_C - 8 + 10 \log_{10}\left(\frac{2}{d} \cdot \arctan \frac{s}{2d}\right) \qquad \text{(解 3.2.19)}$$

さらに，列車一編成の走行による単発騒音暴露レベルL_{AE}(dB)は次式で得られる．

$$L_{AE} = PWL_C - 5 - 10 \log_{10}d + 10 \log_{10}\left(\pi\frac{s}{2v}\right) \qquad \text{(解 3.2.20)}$$

受音点までの距離dが線音源の長さsと比べて十分小さいときは，次式で近似できる．

$$L_{AE} \approx L_{Amax} + 10 \log_{10}\left(\frac{s}{v}\right) \qquad \text{(解 3.2.21)}$$

なお，これらの式では，遮蔽物（遮音壁，そのほか），地面，大気等が音の伝搬に与える効果は考慮されていない．それらの効果については，補正値として算入するものとしており，詳しくは参考文献を参照されたい．

観測時間T(s)に対応する等価騒音レベル$L_{Aeq,T}$(dB)は，上述の列車一編成の通過による単発騒音暴露レベルL_{AE}(dB)から，次式により評価することができる．

$$L_{Aeq,T} = 10 \log_{10}\left(\frac{1}{T}\sum_i 10^{\frac{L_{AE,i}}{10}}\right) \qquad \text{(解 3.2.22)}$$

ただし，$L_{AE,i}$(dB)は，時間T(s)内に走行するi番目の列車の騒音の単発騒音暴露レベルである．なお，上述のとおり，ここでの単発騒音暴露レベルには，在来鉄道の場合，転動音と車両機器音（モーターファン音）の影響も加える必要がある．具体的な方法は，参考文献 9)を参照されたい．

上式は，次のように表すこともできる．

$$L_{Aeq,T} = \overline{L_{AE}} + 10 \log_{10}\frac{N}{T} \qquad \text{(解 3.2.23)}$$

ただし，$\overline{L_{AE}}$は観測時間内のすべての列車についての単発騒音暴露レベルのパワー平均値，Nは観測時間内の列車本数である．

上記の予測手法を鋼橋に適用できる手法とするには，鋼橋の構造物音に対する音源パワーレベルを適切に設定する必要がある．鋼橋の構造に依存するため一律に設定することは難しいが，参考として，鉄道の鋼橋で最も基本的な形式である開床 2 主鈑桁橋において，騒音の測定結果を用いて転動音や車両機器音（モーターファン音）を差し引いて，構造物音の音源パワーレベルの算出を試みた例がある [13]．ある特定の橋梁での試みではあるものの，鋼桁の構造物音の音源パワーレベルとして$PWL_C(100) = 100$〜106 dB（100 km/h 走行時のパワーレベル）を得ており，定尺レールの継目の横では 112 dB まで

増加することが報告されている．また，構造物音の発生原因と推定される桁部材の曲げ振動の予測結果から音源パワーレベルを推定する手法を検討している例もある．これらの音源パワーレベルを上述の在来鉄道騒音の予測手法に適用することで，構造物音の予測値を得ることは可能であるが，多くの事例に基づき検証されたものではないため，あくまで参考程度と考えるべきである．

鋼橋は構造物音の音源となる部材が主桁，縦桁，横桁等多数あり，構造物音に対する音源パワーレベルを設定する際には，部材ごとにパワーレベルを算定して合計するのが望ましい．例えば，鋼トラス橋を対象に，実測値を用いて，下弦材，斜材・垂直材，縦桁，横桁，ラテラルの部材を対象に各部材の音源寄与度を予測する手法も提案されている[14]．既設の類似構造での予測結果を用いることで，構造物音の音源パワーレベルを予測することも可能になると考えられる．

なお，構造物音以外の転動音や車両機器音（モーターファン音）の音源パワーレベルについては文献10)に示されている．

（２）について

鉄道振動の汎用的な予測手法は確立されておらず，多くの場合は，既存の知見及び実測データからの類推によっており，類似の実測事例や回帰式等を参考として予測を行うこととなる．

都道府県や政令指定都市が定める環境影響評価の技術指針やその手引では，鉄道振動の予測に関して，「一般的に適用できる方法は確立されておらず，類似事例の実測データから，回帰式を作製するなどの方法により予測する」とされている場合がほとんどである．鉄道振動に限らず各種振動の予測方法として，例えば東京都では，「伝播理論計算式による方法」，「経験的回帰式による方法」，「模型実験による方法」，「実地実験による方法」，「類似事例の参照による方法」，「その他適切な方法」のうち，適切なものを選択，または組み合わせることと定めているが，それぞれの具体的な方法は示されていない．

このように，現状では，鉄道振動の予測は，予測に携わる実務者の裁量にゆだねられている．

（３）について

鉄道振動の予測手法について，野寄・横山は，過去の統計データ等に基づく予測手法，類似箇所の測定結果をそのまま使用する予測手法，類似箇所の測定結果と別の手法の組み合わせによる予測手法，解析のみによる予測手法，に分類している[15]．このうち，解析のみによる予測手法については，走行車両，軌道，橋梁，地盤を一体として3次元解析することとなり，計算量が膨大となる．これに対し，例えば，「走行車両と軌道・構造物の連成振動解析」により列車走行による加振力を算出し，これを入力として「構造物・地盤の3次元振動解析」を行って構造物や地盤における振動を求める2段階の手法とすることで，計算負荷を低減する方法が提案されている[16]．また，類似箇所での測定と数値解析から加振力を推定し，それを予測対象箇所の数値解析の加振力として用いて予測値を求める「等価加振力法」も提案されている[17]．

鉄道騒音の予測手法については，（１）で示した音源モデルと伝搬計算による予測のほか，波動を考慮した数値解析による予測，波動を無視した数値解析による予測，に分類できる．

波動を考慮した数値解析による予測の例は，有限要素法(FEM)と境界要素法(BEM)の適用及び併用[18]-[20]，2.5次元の境界要素法(BEM)の適用[21],[22]，有限要素法(FEM)と境界要素法(BEM)の結合解析[23],[24]，時間領域有限差分法(FDTD法)の適用[25]，が挙げられる．

一方，特殊な事例として，既設の開床式ランガー鋼桁橋を対象に，鋼桁の振動や桁周辺の騒音の測定と統計的エネルギー解析法(SEA)を用いた橋桁の振動解析から構造物音を評価する，波動を無視した数値解析による予測の例[26]もある．

以上，物理的メカニズムに基づく数値解析について，詳しくは，本書**第Ⅱ編**を参照されたい．

第3章の参考文献

1) 土木学会鋼構造委員会：振動・騒音に配慮した鋼橋の使用性能評価に関する検討小委員会　報告書，土木学会，2011.9

2) 日本鋼構造協会　低騒音合成構造の鋼鉄道橋への活用検討小委員会：鉄道合成桁の低騒音化，JSSCテクニカルレポート，No.103，日本鋼構造協会，2015.2

3) 国土交通省国土技術政策総合研究所，独立行政法人土木研究所：道路環境影響評価の技術手法（平成24年度版），国土技術政策総合研究所資料 No.714，土木研究所資料 No.4254，2013.3

4) 日本音響学会 道路交通騒音調査研究委員会：道路交通騒音の予測モデル"ASJ RTN-Model 2018"，日本音響学会誌，75巻4号，pp.188-250，日本音響学会，2019.4

5) 環境庁大気保全局：低周波音の測定方法に関するマニュアル，2000.10

6) 深田宰史，薄井王尚，梶川康男，原田政彦：解析上で斜角延長床版化した橋梁の振動・音響特性に関する一考察，構造工学論文集，Vol.53A，pp.287-298，土木学会，2007.3

7) 木村真也，小野和行，幸寺駿，金哲佑，川谷充郎：道路橋における交通振動に伴う低周波音伝播特性に関する研究，構造工学論文集，Vol.64A，pp.307-314，土木学会，2018.3

8) 大竹省吾，中村一史，長船寿一，岩吹啓史，鳥部智之，平栗昌明：道路橋の交通振動の疑似応答解析を用いた応答加速度の推定方法に関する研究，土木学会論文集A2, Vol.72, No.2, pp.I_707-I_718，土木学会，2017.1

9) 森藤良夫，長倉清，立川裕隆，緒方正剛：在来鉄道騒音の予測評価手法について，騒音制御，Vol.20，No.3，pp.32-37，日本騒音制御工学会，1996.3

10) 北川敏樹，長倉清，緒方正剛：在来鉄道における騒音予測手法，鉄道総研報告，Vol.12, No.12, pp.41-46，鉄道総合技術研究所，1998.2

11) 北川敏樹，長倉清，緒方正剛：在来鉄道の騒音予測手法，秋期日本音響学会講演論文集，pp.735-736，日本音響学会，1999.9

12) 長倉清，善田康雄：新幹線沿線騒音予測手法，鉄道総研報告，Vol.14，No.9，pp.5-10，鉄道総合技術研究所，2000.9

13) 緒方正剛，村上孝行，田中丈晴，長倉清，北川敏樹：在来型鉄道の騒音影響要因の把握と騒音予測手法に関する研究（第5報）－鉄桁走行時の音源パワーレベルについて－，運輸省交通安全公害研究所研究発表会，pp.21-24，運輸省交通安全公害研究所，1997.11

14) 半坂征則，杉本一朗，長倉清，間々田祥吾：鋼構造物騒音の部材ごとの寄与度解析および対策材料の検討，鉄道総研報告，Vol.21, No.2, pp.21-26，鉄道総合技術研究所，2007.2

15) 野寄真徳，横山秀史：列車走行にともなって沿線に生じる振動を予測する，RRR，Vol.74, No.10, pp.24-27，鉄道総合技術研究所，2017.10

16) 横山秀史，伊積康彦，渡辺勉：3次元振動解析による地盤および建物振動の予測シミュレーション，鉄道総研報告，鉄道総合技術研究所，Vol.29, No.5, pp.41-46, 2015.5

17) 吉岡修：等価起振力法による地盤振動の予測解析，鉄道総研報告，Vol.10, No.2, pp.41-46，鉄道総合技術研究所，1996.2

18) Kozuma, Y. and Nagakura, K.: An investigation on vibratory and acoustical characteristics of concrete bridge for Shinkansen, Noise and Vibration Mitigation for Rail Transportation System, Springer, 2012

19) 半坂征則，西村充史，浜田晃，鈴木実：鋼鉄道橋の振動および騒音予測手法の検討，日本機械学会 [No.03-7] Dynamics and Design Conference 2003 CD-ROM 論文集，2003.9

20) 半坂征則，佐藤大悟，間々田祥：コンクリート高架橋における構造物音の予測手法，鉄道総研報告．Vol.24, No.9, pp.11-16，鉄道総合技術研究所，2010.9

21) Li, Q., Song, X., and Wu, D.: A 2.5-dimensional method for the prediction of structure-borne low-frequency noise from concrete rail transit bridges, The Journal of the Acoustical Society of America, Vol.135, No.5, pp.2718-2726, 2014

22) Song, X.D., Li, Q. and Wu, D.J.: Investigation of rail noise and bridge noise using a combined 3D dynamic model and 2.5D acoustic model, Applied Acoustics, Vol.109, pp.5-17, 2016

23) 渡辺勉，曽我部正道，徳永宗正：鉄道 RC ラーメン高架橋の部材振動に影響を及ぼす各種パラメータに関する解析的検討，コンクリート工学年次論文集，Vol.35, No.2, pp.943-948，日本コンクリート工学会，2013

24) 渡辺勉，曽我部正道，徳永宗正，松岡弘大：軌道状態に着目した鉄道 RC 桁式高架橋の部材振動低減対策，コンクリート工学年次論文集，Vol.36, No.2, pp.775-780，日本コンクリート工学会，2014

25) 伊戸川絵美，石川聡史，柳沼謙一，清水満：数値計算による構造物音を含む在来鉄道騒音の予測，JR EAST Technical Review, No.37, pp.55-60, JR 東日本，2011

26) 織田光秋：SEA 法の橋梁，プラントへの適用，騒音制御，Vol.26, No.5, pp.325-330，日本騒音制御工学会，2002.10

第4章　振動・騒音に関する環境適合性の評価

4.1　一般

（1）車両走行に起因する構造物周辺の振動・騒音に関する環境適合性の評価は，式（4.1.1）により，「**第3章　振動・騒音の予測**」により算定された予測値が，基準値以下であることを確認することにより行うものとする.

$$I_{Rd} \diagup I_{Ld} \leqq 1.0 \tag{4.1.1}$$

ここに，

I_{Rd}：車両走行に起因する振動・騒音の予測値. 測定値を用いて評価する場合には測定値を用いる.

I_{Ld}：振動・騒音の基準値

（2）式（4.1.1）を満足しない場合，「**第5章　対策工**」により振動・騒音対策方法を検討して，新たな対策工または追加の対策工を施した構造物について，（1）により再度評価を行い満足することを確認しなければならない.

（3）従来からの実績等により所要の環境適合性を満足することが明らかな構造物および対策工は，式（4.1.1）を満足するものとみなしてよい.

（4）新設構造物の施工後および既設構造物の対策後については，所要の振動・騒音に関する環境適合性を満足することを，測定により確認することが望ましい.

【解説】

（1），（2）について

　振動・騒音に関する環境適合性の評価は，通常の性能照査と同様に行うものとして，評価式を定めた. 一般には，評価地点における振動・騒音の予測値が，適用法令等の基準値を下回っていることを確認することにより行う. 既設構造物の場合には，対策工を仮施工し，測定により確認することも評価の方法として可能である.

　予測値は，測定結果がある場合にはその測定値を用いてよい. また，基準値は，通常は基準等により定められた数値を用いるが，既設構造物の大規模改修等では発生する振動・騒音が改修前より低下しないことを求める場合もあり，改修前の値を基準値としてよい.

　評価の結果，式（4.1.1）を満足しない場合には，「**第5章　対策工**」により振動・騒音対策方法を検討し，対策工を施すことが必要である. さらにその対策工を施した構造物について式（4.1.1）により再度評価を行い，所要の性能を満足することを確認する必要がある.

（3）について

　従来から実績のある構造物および対策工は，経験的に振動・騒音が問題ないことが明らかなものについては，これと同種の条件において使用する場合は，式（4.1.1）による評価は満足しているものとみなしてよいこととした.

（4）について

　新設構造物の施工後および既設構造物の対策後は，可能な限り振動・騒音を測定し，所要の振動・騒音に関する環境適合性を満足することを確認することが望ましい.

4.2　構造物の振動・騒音に関する環境適合性の評価
4.2.1　道路橋の振動・騒音に関する環境適合性の評価
（1）道路橋周辺の振動・騒音に関する環境適合性の評価は，「3.2.1　道路橋の振動・騒音の予測」により予測値を算定し，適用される法令・基準等に基づき，構造物の特性や振動・騒音の特性に応じて，周辺社会の状況等を考慮して行うものとする．

（2）道路橋周辺の振動・騒音に関する環境適合性の評価は，物理的なメカニズムに基づく数値解析を用いる場合，その目的に応じた適切な評価指標および基準値を設定して行うものとする．

【解説】

（1）について

1）振動について

　道路橋の振動の評価には，一般に10%時間率振動レベル L_{10} が用いられている．L_{10} は，振動レベルの測定値を数値の大きさの順に並べ，両端の10%をそれぞれ除いた80%レンジの上端値である．このため，L_{10} はピークではないことに注意が必要である．

　評価に用いる基準値は，「振動規制法」における要請限度が一般に用いられ，この具体的な数値は**解説表-4.2.1** の通りである．

解説表-4.2.1　「振動規制法」における振動レベルの要請限度

時間の区分 区域の区分	昼間	夜間
第一種区域	65 デシベル	60 デシベル
第二種区域	70 デシベル	65 デシベル

（注）第一種区域及び第二種区域とは，それぞれ次の各号に掲げる区域として都道府県知事が定めた区域をいう．
　　第一種区域：良好な住居の環境を保全するため，特に静穏の保持を必要とする区域及び住居の用に供されているため，静穏の保持を必要とする区域
　　第二種区域：住居の用に併せて商業，工業等の用に供されている区域であって，その区域内の住民の生活環境を保全するため，振動の発生を防止する必要がある区域及び主として工業等の用に供されている区域であって，その区域内の住居の生活環境を悪化させないため，著しい振動の発生を防止する必要がある区域

2）騒音について

　道路橋の騒音の評価には，一般に等価騒音レベル L_{Aeq} が用いられている．

　評価に用いる基準値は，「環境基本法」における環境基準が一般に用いられる．環境基準は，地域の類型及び時間の区分ごとに**解説表-4.2.2** の基準値の欄に掲げる通りであり，各類型を当てはめる地域は都道府県知事が指定することとなっている．

解説表-4.2.2　「環境基本法」における環境基準

地域の類型	基準値	
	昼間	夜間
AA	50 デシベル以下	40 デシベル以下
A 及び B	55 デシベル以下	45 デシベル以下
C	60 デシベル以下	50 デシベル以下

道路に面する地域に対する特例値

地域の区分	基準値	
	昼間	夜間
A 地域のうち 2 車線以上の車線を有する道路に面する地域	60 デシベル以下	55 デシベル以下
B 地域のうち 2 車線以上の車線を有する道路に面する地域及び C 地域のうち車線を有する道路に面する地域	65 デシベル以下	60 デシベル以下

幹線道路に面する地域に対する特例値

基準値	
昼間	夜間
70 デシベル以下	65 デシベル以下

備考）
個別の住居等において騒音の影響を受けやすい面の窓を主として閉めた生活が営まれていると認められるときは，屋内へ浸透する騒音に係る基準（昼間にあっては 45 デシベル以下，夜間にあっては 40 デシベル以下）によることができる．

(注) 1) 時間の区分は，昼間を午前 6 時から午後 10 時までの間とし，夜間を午後 10 時から翌日の午前 6 時までの間とする．
　　2) AA を当てはめる地域は，療養施設，社会福祉施設等が集合して設置される地域など特に静穏を要する地域とする．
　　3) A を当てはめる地域は，専ら住居の用に供される地域とする．
　　4) B を当てはめる地域は，主として住居の用に供される地域とする．
　　5) C を当てはめる地域は，相当数の住居と併せて商業，工業等の用に供される地域とする．

3) 低周波音について

　道路橋の低周波音の評価には，一般に G 特性 5%時間率音圧レベル L_{G5} や 50%時間率音圧レベル L_{50} 等が用いられる．低周波音の基準値は，法的基準や目標は設定されていないが，以下の 3 つが用いられている．

（a）低周波音問題対応のための「評価指針」（「低周波音問題対応の手引書」[1]）

　心身に係る苦情に関する評価には，G 特性音圧レベル L_G で 92 dB および 1/3 オクターブバンド音圧レベルで解説表-4.2.3(a)の参照値が用いられる．G 特性音圧レベル L_G が 92 dB 以上であれば，「20 Hz 以下の超低周波音による苦情の可能性が考えられる」とされている．また，物的苦情に関する評価には，1/3 オクターブバンド音圧レベルで解説表-4.2.3(b)の参照値が用いられる[1]．

　なお，これらの参照値の取り扱いについては，環境省より都道府県等宛に通知[2]が出されており，適用にあたっては注意を要する．

（b）一般環境中に存在する低周波音レベル（環境庁大気保全局，1984）

　一般環境中に存在する低周波音は 1〜80 Hz の 50%時間率音圧レベル L_{50} で 90 dB．

（ｃ）ISO 7196 に規定されている G 特性音圧レベル（ISO 7196, 1995）

1〜20 Hz の周波数範囲において平均的な被験者が知覚できる低周波音は，G 特性補正後の加重音圧レベル L_{G5} で概ね 100 dB.

解説表-4.2.3　低周波音による苦情に関する参照値 [1]

(出典：環境省：低周波音問題対応の手引書, 2004.6)

(a) 心身に係る苦情に関する参照値

1/3 オクターブバンド 中心周波数(Hz)	10	12.5	16	20	25	31.5	40	50	63	80
1/3 オクターブバンド 音圧レベル(dB)	92	88	83	76	70	64	57	52	47	41

(b)物的苦情に関する参照値

1/3 オクターブバンド 中心周波数(Hz)	5	6.3	8	10	12.5	16	20	25	31.5	40	50
1/3 オクターブバンド 音圧レベル(dB)	70	71	72	73	75	77	80	83	87	93	99

（２）について

　物理的なメカニズムに基づく数値解析は，構造物や対策工等の種々の条件による定量的な違いを明らかにする場合や，振動・騒音のメカニズムを明らかにする場合，振動・騒音の各種要因の寄与度を求める場合等に用いられる．このような場合には，その数値解析の目的や着目点に応じて評価指標を設定して評価を行う必要がある．振動・騒音に関する環境適合性の評価を行う場合には，数値解析の検証と妥当性を確認した上で，（１）と同様の評価指標および基準値を用いて評価してよい．

4.2.2　鉄道橋の振動・騒音に関する環境適合性の評価

（１）鉄道橋周辺の振動・騒音に関する環境適合性の評価は，「3.2.2　鉄道橋の振動・騒音の予測」により予測値を算定し，適用される法令・基準等に基づき，構造物の特性や振動・騒音の特性に応じて，周辺社会の状況等を考慮して行うものとする．

（２）鉄道橋周辺の振動・騒音に関する環境適合性の評価は，物理的なメカニズムに基づく数値解析による場合，その目的に応じた適切な評価指標および基準値を設定して行うものとする．

【解説】

（１）について

1) 振動について

　列車走行に伴う鉄道橋周辺の環境振動問題は，現状では，確立された評価法がなく，個々の構造物に置かれている状況を考慮して評価する必要がある．

　評価に用いる基準値は，新幹線の場合は「環境保全上緊急を要する新幹線鉄道振動対策について（勧告）」[3]において，

・新幹線鉄道振動の補正加速度レベルが，70 デシベルを超える地域について緊急に振動源及び障害防止対策等を講ずること

・病院，学校その他特に静穏の保持を要する施設の存する地域については，特段の配慮をするとともに，可及的速やかに措置すること

と示されているので，参考にすることができる．

2）騒音について

　鉄道橋周辺の騒音の評価は，新幹線と在来鉄道それぞれについて，以下とするのがよい．

（a）新幹線の騒音の評価

　新幹線の鉄道橋の騒音の評価には，騒音レベル（A特性，動特性SLOW）のピーク値が一般に用いられる．

　評価に用いる基準値は，規制値はないが，「新幹線鉄道騒音に係る環境基準について」[4]により目標とする基準値が解説表-4.2.4の通り示されている．解説表-4.2.4は，地域の類型ごとに決められており，その各類型を当てはめる地域は，都道府県知事が指定することになっている．

解説表-4.2.4　新幹線騒音に関する基準値[4]

（出典：環境省：新幹線鉄道騒音に係る環境基準について，1975.7告示（2000改正））

地域の類型	基準値
Ⅰ	70 デシベル以下
Ⅱ	75 デシベル以下

（注）Ⅰをあてはめる地域は主として住居の用に供される地域とし，Ⅱにあてはめる地域は商工業の用に供される地域等Ⅰ以外の地域にあって通常の生活を保全する必要がある地域とする．

（b）在来鉄道（新幹線を除く普通鉄道）の騒音の評価

　在来鉄道の鉄道橋の騒音の評価には，等価騒音レベル L_{Aeq} が一般に用いられる．

　評価に用いる基準値は，規制値はないが，「在来鉄道の新設又は大規模改良に際しての騒音対策の指針について」[5]に，生活環境を保全し，騒音問題が生じることを未然に防止する上で目標となる指針として，解説表-4.2.5の通り示されている．

解説表-4.2.5　在来鉄道騒音に関する基準値[5]

（出典：環境省：在来鉄道の新設又は大規模改良に際しての騒音対策の指針について，1995.12公布）

新線	等価騒音レベル(L_{Aeq})として，昼間(7〜22時)については60 dB(A)以下，夜間(22時〜翌日7時)については55 dB(A)以下とする．なお，住居専用地域等住居環境を保護すべき地域にあっては，一層の低減に努めること．
大規模改良線	騒音レベルの状況を改良前より改善すること

（注）「新線」とは，鉄道事業法第8条の施行認可を受けて工事を施行する区間，また，「大規模改良線」とは，複線化，複々線化，道路との連続立体交差化又はこれに準ずる立体交差化を行うため，鉄道事業法第12条の鉄道施設の変更認可を受けて工事を施行する区間をいう．なお，以下の区間等については適用しないものとする．
　① 住宅を建てることが認められていない地域及び通常住民の生活が考えられない地域．
　② 地下区間(半地下，掘り割りを除く)．
　③ 踏切等防音壁(高欄を含む)の設置が困難な区間及び分岐器設置区間，急曲線区間などロングレール化が困難な区間．
　④ 事故，自然災害，大みそか等通常とは異なる運行をする場合．

3) 低周波音について

　鉄道橋の列車走行に伴う低周波音については，評価方法は現状ではないため，低周波音の生じている現象を十分に把握した上で，「低周波音問題対応の手引書」等を参考に，また振動・騒音の評価方法も参考にしながら，適宜評価を行うものとする．

（2）について
　「4.2.1　道路橋の振動・騒音に関する環境適合性の評価」【解説】（2）を参照．

第4章の参考文献

1) 環境省：低周波音問題対応の手引書，2004.6
2) 環境省：低周波音問題対応の手引き書における参照値の取扱について，2008.4
3) 環境省：環境保全上緊急を要する新幹線鉄道振動対策について（勧告），1976.3公布，環大特32号
4) 環境省：新幹線鉄道騒音に係る環境基準について，1975.7告示（2000改正）
5) 環境省：在来鉄道の新設又は大規模改良に際しての騒音対策の指針について，1995.12公布

第5章　対策工

5.1　一般

（1）振動・騒音の対策工は，主たる発生源を推定した上で，発生源対策，伝播経路対策および受振点・受音点対策等のうち必要な対策について，振動・騒音の低減に有効な方法を用いなければならない．

（2）実績の無い対策工を用いる場合は，その技術的な検証を踏まえた上で要否を検討しなければならない．ただし，試験施工等によってその効果が確認できた場合はこの限りでない．

【解説】

（1）について

　構造物にて発生する振動と騒音では，発生メカニズムが異なっているのが一般的ではあるが，互いに関連するため，両者に関して検討することが重要である．しかし，さまざまな対策工において振動，騒音のいずれかに有効となる場合もあるため，対象となる構造物において求められる事象に応じた対策工を選択する必要がある．

　構造物にて発生する振動・騒音の対策工は，主に，発生源対策，伝播経路対策，受振点・受音点対策に区分される（**解説図-5.1.1**）．

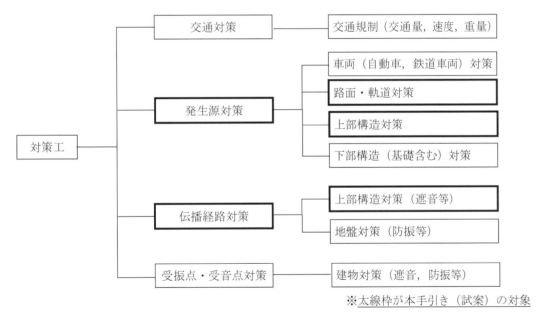

解説図-5.1.1　振動・騒音の対策工の区分

　発生源対策は，車が道路（路面）を通過する際や鉄道がレール（軌道）を通過する際に生じる振動・騒音を軽減する対策，および作用を受けた構造物そのものに起因する振動・騒音を構造変更や減衰付加等を施して軽減する対策である．なお，発生源対策には下部工の改良によって対策する場合もあるが，本手引き（試案）は，鋼橋（上部構造）に施す対策工のみを対象としたため，その他の発生源対策は，必要に応じて検討されたい．

　伝播経路対策は，振動・騒音が発生する構造物から受振点および受音点までの大気や地盤等の伝播経路において振動減衰や距離減衰が生じるように施す対策である．なお，伝播経路対策には直接構造物に設けず，対策工を別途設置（遮音工等）する場合や，地盤に対策を施す（防振壁（地盤改良，鋼矢

板，EPS 等）や空溝等）場合もあるが，本手引き（試案）は，構造物に施す対策工のみ（主に大気伝播）を対象としたため，その他の伝播経路対策は，必要に応じて検討されたい．

受振点・受音点対策は，受振点や受音点となる建物等に補強等を施す対策である．なお，本手引き（試案）は，構造物に施す対策工のみを対象としたため，必要に応じて検討されたい．

構造物での対策工は，発生源対策および伝播経路対策を併用する場合も多く，新設構造物であっても既設構造物であっても対策内容に違いはない．しかし，既設構造物に対策工を施す場合は，供用中の施工となり，大きな制約を受けることが予想されることから，対策工の選定にあたっては施工方法も含めた検討が必要である．なお，対策工の選定においては，構造物のライフサイクルコストが最小となる観点からも検討するのが望ましい．

構造物を起因として生じる低周波音に対する対策工は，有効となる伝播経路対策があまりないことから，路面対策や上部構造変更，減衰付加等の発生源対策を基本とする．なお，家屋等を補強する受音点対策等もあるが，本手引き（試案）の対象としていないため，必要に応じて検討されたい．

対策工は，設置後の構造全体の挙動（共振の有無等）や新たな振動・騒音の発生の有無等，対策工を施すことによる影響も併せて検証する必要がある．

なお，本書**第Ⅲ編**に各種対策工について紹介しているので，対策工の選定の際に参考にするとよい．

（2）について

新たに開発された対策工や他分野のみで実績がある対策工は，鋼橋での有効性が不明であるため，適用前に試験施工等でその効果を検証したのちに適用することが望ましい．

5.2　主たる発生源の推定

（1）現状の調査結果，「**第3章　振動・騒音の予測**」および「**第4章　振動・騒音に関する環境適合性の評価**」を踏まえ，振動・騒音の主たる発生源を推定するものとする．
（2）既設構造物においては，現状の振動・騒音の測定を行い主たる発生源を特定するのがよい．

【解説】

対策工の選定に先立ち，振動・騒音の主たる発生源を推定することは，より有効かつ効率的な対策方法の採用のためには重要である．そのためには，新設の場合は建設地点，評価地点および伝播経路の状況，さらに既設の場合は，構造物の状態，現状の振動・騒音の発生状況を把握した上で，「**第3章　振動・騒音の予測**」および「**第4章　振動・騒音に関する環境適合性の評価**」の結果を踏まえて，主たる発生源を推定する必要がある．既設構造物では，振動・騒音の測定により主たる発生源を特定しておくことが望ましい．

主たる発生源の推定と合わせて，発生源から評価地点までの伝播経路における，振動・騒音の減衰あるいは共振による増幅等の傾向も把握しておく必要がある．

5.3　発生源対策
5.3.1　道路橋の路面対策
　車両の走行時に路面の影響により発生する振動・騒音を低減するためには，路面の段差の防止や凹凸軽減，低騒音舗装材料の採用等の対策を実施することとする．

【解説】

　鋼道路橋の路面に起因する振動・騒音は，舗装の劣化や伸縮装置部（ジョイント）の不良，土工部の沈下等によって生じることが多い．

　① 振動に対して有効と思われる対策工の例

　　　路面部分補修，ノージョイント化[1]（埋設ジョイント（**解説図-5.3.1**））等

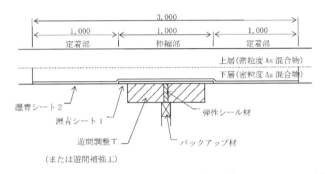

解説図-5.3.1　ノージョイント化（埋設ジョイント）の例 [1]

（出典：東日本高速道路・中日本高速道路・西日本高速道路：設計要領第二集 橋梁保全編　令和元年7月版, 2019.9）

　② 騒音に対して有効と思われる対策工の例

　　　路面部分補修，ノージョイント化，低騒音舗装[2]（**解説図-5.3.2**）等

舗装の隙間に空気が逃げることにより、発生する走行音が低下します。

解説図-5.3.2　低騒音舗装（ポーラスアスファルト）の例

5.3.2　鉄道橋の軌道対策
　列車の走行時に軌道（レール）の影響により発生する振動・騒音を低減するためには，レールの継ぎ目の解消，レール表面の凹凸軽減，軌道部材の防振，消音バラストの採用等の対策を実施することとする．

【解説】
　鋼鉄道橋の軌道に起因する振動・騒音は，レールの継ぎ目やレールの摩耗によって生じることが多い．

　① 振動に対して有効と思われる対策工の例

　　　ロングレール化，低ばね軌道パッド，フローティング・ラダー[3)-5)]（**解説写真-5.3.1**）等

解説写真-5.3.1　フローティング・ラダー軌道の例

　② 騒音に対して有効と思われる対策工の例

　　　消音バラストの散布[6),7)]（**解説写真-5.3.2**），レール削正，レールダンパー，低バネ軌道パッド等

消音バラスト

解説写真-5.3.2　消音バラストの例

5.3.3　上部構造の対策
　活荷重が作用されることにより，道路橋や鉄道橋の構造そのものに起因して発生する振動・騒音を低減するためには，衝撃や振動の少ない構造への変更や減衰付加等の対策を実施することとする．

【解説】
　道路橋や鉄道橋の構造そのものが起因となり発生する振動・騒音は，構造上の問題により生じることが多い．上部構造に適用できる対策工は，道路橋や鉄道橋で概ね違いはないが，路面・軌道構造や接

合工の影響等で適用できない場合もあるため，その選定にあたっては留意すること．

① 振動に対して有効と思われる対策工の例

　　構造変更：ノージョイント化（床版連結 [8],[9]（**解説図-5.3.3**），主桁連結），延長床版，支承構造の
　　　　　　　変更等

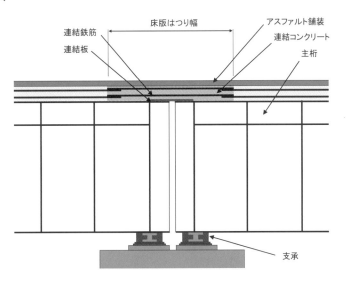

解説図-5.3.3　床版連結の例 [8]を一部修正

（出典：道路保全技術センター：既設橋梁のノージョイント工法の設計施工手引き（案），1995.1）

　　減衰付加：動吸振器 [10]（**解説写真-5.3.3**），センターダンパー，桁端ダンパー等

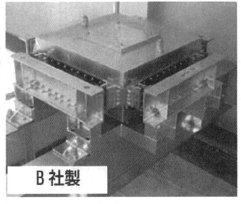

解説写真-5.3.3　動吸振器（TMD）の例 [10]

（出典：畔柳昌己，高橋広幸，上東泰，安藤直文，篠文明：鋼桁橋のコンクリート床版から発生する騒音・低周波
振動問題への対策－第二東名高速道路　刈谷高架橋環境対策工事－，コンクリート構造物の補修，補強，アップ
グレード　論文報告集　第9巻，pp.369-374，日本材料学会，2009.10）

② 騒音に対して有効と思われる対策工の例

　　構造変更：ノージョイント化（床版連結，主桁連結），延長床版 [11],[12]（**解説図-5.3.4**），端横桁RC
　　　　　　　巻き立て，SRC構造等

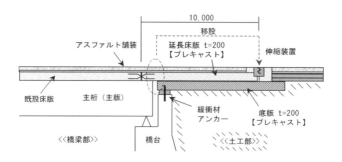

解説図-5.3.4　延長床版（プレキャスト）の例

減衰付加：制振材 [3),13)-16)]（**解説写真-5.3.4**），制振コンクリート等

解説写真-5.3.4　制振材の例

（提供：鉄道・運輸機構）

5.4　伝播経路対策

　地盤や大気を伝播する振動・騒音を低減するためには，遮音，回折や干渉による減音，防振等の減衰付加の対策を実施することとする．

【解説】

　車両走行や列車走行により生じる騒音，および構造物そのものが起因となり発生する騒音が大気を伝播していく場合は，騒音対策等を実施する．伝播経路上の対策としては，遮音壁が比較的簡易に施工できるため実績が多く，発生源対策と合わせて検討するのがよい．また，本手引き（試案）では記載は省略するが，振動が地盤を伝播していく場合は，地盤の防振等の伝播経路対策が必要となる．

　・騒音に対して有効と思われる対策工の例

　　　遮音壁 [2),3),14),17),18)]（**解説写真-5.4.1**），上部覆工，下面遮音工等

道路橋への適用例

鉄道橋への適用例

（提供：鉄道・運輸機構）

解説写真-5.4.1　遮音壁の例

　鉄道橋においては，**解説写真-5.4.1** に示す「遮音壁」を一般に「防音壁」と呼んでいる．鉄道橋でも音が漏れないようにする対策を遮音工と言っており，本手引き（試案）では道路橋に合わせて「遮音壁」と記載した．

5.5　既設構造物を対策する場合の留意点

　既設の構造物に振動・騒音対策を行う場合は，以下の（a）～（c）に留意しなければならない．
（a）振動・騒音の主たる発生要因の特定
（b）既設構造物に設置する対策工の形状寸法や取付け方法
（c）対策工を実施した後の既設構造物の維持管理性や耐疲労性

【解説】

　新設時点において振動・騒音に対して問題ない構造であっても，当該構造物を含む近隣の開発，交通量の増加，経年に伴う構造物の変状等の影響により，振動・騒音対策が必要となる可能性がある．

　既設構造物への対策を検討する場合は，測定により振動・騒音の支配要因を明らかにした上で，それを低減できるような対策を選定する．なお，対策工の施工後に維持管理性が劣らない構造を計画することも重要である．例えば，取り付けた対策工の影響により既設構造物の要注意箇所が調査できなくなるなどの維持管理を阻害することが無いようにすること，溶接により部材を取り付ける場合は新たな疲労上の弱点とならないようにすることなどの配慮が必要である．

　既設構造物への対策工の施工にあたっては，現場溶接やボルト添接，あと施工アンカーの施工が必要となることが多いため，設計図を検証し，現地の状況（鋼材の状況，腐食状況，コンクリート内の配筋等）を把握したうえで実施する必要がある．

第5章の参考文献

1)　東日本高速道路，中日本高速道路，西日本高速道路：設計要領第二集　橋梁保全編　令和元年7月版，2019.9

2)　日本音響学会　道路交通騒音調査研究委員会：道路交通騒音の予測モデル"ASJ RTN-Model 2018"，日本音響学会誌，75巻4号，pp.188-250，日本音響学会，2019.4

3) 日本鋼構造協会：鋼鉄道橋の低騒音化，JSSC テクニカルレポート No.68，日本鋼構造協会，2005.11

4) 鉄道総合技術研究所 HP：フローティング・ラダー軌道，
https://www.rtri.or.jp/rd/division/rd50/rd5040/rd50400302.html

5) 奥田広之，浅沼潔，松本信之，涌井一：フローティング・ラダー軌道の耐荷性能と環境性能の評価，鉄道総研報告，第 17 巻，第 9 号，pp.9-14，鉄道総合技術研究所，2003.9

6) 並木勇次，尾高幸一：都市内鉄道直結道床における消音バラスト実地検証・効果，日本鉄道施設協会誌，vol.56，pp.657-659，日本鉄道施設協会，1997.9

7) 白神亮，石川聡史，柳沼謙一：軌道近傍騒音低減対策の高所空間における騒音低減効果に関する解析的検討，土木学会第 64 回年次学術講演会，IV-361，pp.719-720，土木学会，2009.9

8) 道路保全技術センター：既設橋梁のノージョイント工法の設計施工手引き（案），1995.1

9) 山本豊，福岡賢，真田修，讃岐康博：桁連結およびノージョイント化による高架橋の環境改善効果，土木学会第 51 回年次学術講演会，土木学会，1996.9

10) 畔柳昌己，高橋広幸，上東泰，安藤直文，篠文明：鋼桁橋のコンクリート床版から発生する騒音・低周波振動問題への対策－第二東名高速道路 刈谷高架橋環境対策工事－，コンクリート構造物の補修，補強，アップグレード 論文報告集 第 9 巻，pp.369-374，日本材料学会，2009.10

11) 木原通太郎，中村実一，元井邦彦：延長床版工法の性能確認試験による結果報告について，第 26 回日本道路会議，2005.10

12) 大石哲也，新井恵一，村越潤：延長床版の振動低減効果に関する数値解析，土木学会第 58 回年次学術講演会，土木学会，2003.9

13) 谷口紀久，羽根良雄，菅原則之：鋼橋の騒音防止，構造物設計資料，No.38，pp.24-27，日本国有鉄道，1974.6

14) 日本鋼構造協会：鉄道合成桁の低騒音化，JSSC テクニカルレポート No.103，日本鋼構造協会，2015.2

15) 鉄道総合技術研究所：鉄道構造物等設計標準・同解説（鋼・合成構造物）鋼鉄道橋規格（SRS），鉄道総合技術研究所，2010.8

16) 三宅清市，村西哲，増村照文，加藤直樹：鋼鉄道橋用制振材（SB ダンパー）の開発，昭和電線レビュー，Vol.59，No.1，pp.63-67，2012.

17) 東日本高速道路，中日本高速道路，西日本高速道路：設計要領第五集 遮音壁 平成 29 年 7 月版，2017.9

18) 日本鉄道建設公団（現 鉄道建設・運輸施設整備支援機構）：鋼橋防音工の設計施工の手引き，1987.6

第Ⅱ編　鋼橋の振動・騒音の予測手法

　鋼橋の振動およびそれに伴う騒音や低周波音の予測手法について，汎用的な手法を本書**第Ⅰ編**で示した．汎用的な手法は，蓄積された実測データを活用した比較的簡易な予測式の形で提示されていることが多く，それらを用いた予測計算は比較的容易である．一方で，汎用的な手法は，物理的メカニズムに基づく予測手法ではないため，基となった実測データが得られた条件の範囲外となる条件を持つ現象の予測には適用できず，また，対策効果の予測検討に用いることも難しい．このように汎用的な手法を適用することが適切でない場合には，予測手法として物理的メカニズムに基づく数値解析が用いられる．本編は，物理的メカニズムに基づく鋼橋の振動・騒音・低周波音の予測手法について，主にその現状に関する資料を以下の構成で提示する．

　なお，本編では上述のように低周波音を騒音と分けて扱う．この理由は，最終的な人への影響の予測・評価や対策の観点および対象周波数領域の違いによる予測モデルに求められる精緻さの差異による．

　現状では，鋼橋の振動・騒音・低周波音の原因である自動車や鉄道車両の走行から，それらの影響を受ける受振・受音点における振動や音までを，一体的に数値解析の対象とすることができる手法は研究段階にあり（例えば，文献1)），一般には，車両走行による橋梁振動と，橋梁振動を入力とした周辺環境における振動や音の放射・伝播とに対象を分けて解析を行う（**図-1**）．このとき，予測の対象が騒音・低周波音の場合は空気中の音の伝搬，振動の場合は地盤中の振動伝播が主な解析対象となる．

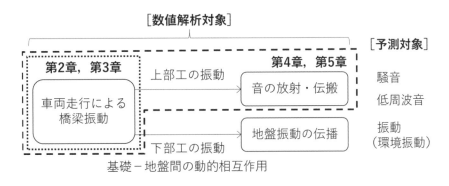

図-1　物理的メカニズムに基づく数値解析による鋼橋の振動・騒音・低周波音の予測手法の枠組み

(1) 車両走行による橋梁振動の予測（第2章，第3章）

　自動車や鉄道車両の走行に起因する橋梁振動を予測する際には，走行中の車両と橋梁の動的連成による両者の振動応答への影響を考慮することが重要となる．有限要素法による解析を行うこととなるが，そのような車両－橋梁間の動的連成を考慮した解析は，汎用の有限要素解析コードでは難しく，専用に開発されたコードが用いられることがほとんどである．本編第2章では，振動・低周波音予測のための車両走行による橋梁の動的応答解析について詳述する．第4章は，その考え方に基づく低周波音予測のための数値解析事例を示している．予測の対象が騒音の場合には，振動・低周波音に比べて高い振動数領域の現象であり，例えば鋼主桁ウェブの振動など，部材の局部的な振動も予測する必要があるため，第2章や第4章で述べている橋梁の有限要素モデルより精緻なモデル化が求められる．第5章に，そのようなモデルの一例を示している．

また，予測の目的が振動・騒音・低周波音の対策等の効果の検証である場合には，車両－橋梁間の動的連成を考慮した高度な解析を行う代わりに，車両振動の実測値を用いた橋梁振動の応答解析手法が提案されている．その概要を第 3 章で述べる．

(2) 音の放射・伝搬の予測（第 4 章，第 5 章）

橋梁の振動を原因とする音の放射および伝搬を，その物理的メカニズムに基づき波動現象として捉えて予測する数値解析には，主に差分法，有限要素法，境界要素法が用いられる．各手法の特徴を，第 1 章で概説する．本編ではこれらのうち，橋梁振動に起因する音の無限領域への伝搬の解析に有利な境界要素法を用いた予測事例を紹介する．第 4 章は，道路橋振動に起因する低周波音に対する一連の予測手法の理論および事例について述べており，低周波音の伝搬解析に境界要素法を用いた方法である．また，第 5 章では，同一断面が連続して続く 3 次元音場を 2 次元音場の解を利用して解析する 2.5 次元数値解析手法による，鉄道橋騒音の解析事例を紹介する．

(3) 地盤振動の伝播の予測

地盤中の振動伝播の予測には，有限要素法や薄層要素法が用いられる[2]．3 次元的な波動伝播特性や橋梁および地盤の形状等を考慮した解析には，3 次元有限要素法を適用する必要がある[3]．主に計算コストを低減する目的で，2 次元や軸対称の有限要素法を用いる場合もあるが，その結果の解釈には注意を要する[4,5]．薄層要素法は，地盤が水平な成層構造を持つと仮定することで地盤モデルの自由度を大幅に低減する手法で，3 次元有限要素法による構造物モデルと組み合わせた解析が可能である[6-8]．本編では，地盤振動予測を資料提示の対象外としており，詳細は上述の参考文献を参照されたい．

参考文献

1) 野寄真徳，横山秀史：列車走行にともなって沿線に生じる振動を予測する，RRR, Vol.74, No.10, pp.24-27, 鉄道総合技術研究所，2017.10
2) 災害科学研究所 地盤環境振動研究会：地盤環境振動の対策技術，森北出版，2016
3) 宇野護，永長隆昭，藤野陽三，芦谷公稔，森川和彦：超高速鉄道走行時の構造物及び地盤の振動に関する実測と予測，土木学会論文集 A1（構造・地震工学），68(1), pp.151-166, 土木学会，2012.3
4) 中谷郁夫，早川清，西村忠典，田中勝也：高架道路橋を振動源とする地盤環境振動の遠距離伝播メカニズム，土木学会論文集 C, 65(1), pp.196-212, 土木学会，2009.2
5) 竹宮宏和，陳鋒，井田啓子：高架道路で発生する交通振動と沿線地盤への伝播性状－計測と FEM 解析のハイブリッド手法による予測と対策－，土木学会論文集 A, 62(2), pp.204-214, 土木学会，2006.4
6) 中井正一：薄層要素法，土と基礎，53-8, pp.33-34, 地盤工学会，2005.8
7) 田治見宏，下村幸男：3 次元薄層要素による建物―地盤系の動的解析，日本建築学会論文報告集，243 巻，pp.41-51, 日本建築学会，1976.5
8) 石田理永，中井正一：高架橋の複数橋脚を考慮した交通振動による地盤応答の予測，日本建築学会構造系論文集，72 巻 621 号，pp.25-31, 日本建築学会，2007.11

第1章　振動・騒音予測一般

1.1　はじめに

　本書冒頭で述べたように最終的な人への影響の予測・評価や対策の観点から，現状，道路橋や鉄道橋の構造物の振動が発生源となって生じる地盤振動や騒音（低周波音，超低周波音を含む）の予測法は，対象となる現象ごとに分かれている．近年，交通騒音による人への（主にうるささに基づく）影響評価はエネルギーベースの評価量で行われるのが世界的趨勢であり，その為，予測手法も発生源の放射パワーと伝搬過程における超過減衰量から最終的な評価量を推計する方法が採用されている（例えば，ASJ RTN-Model 2018[1]）．また，低周波音の影響にはうるささ以外の影響（例えば，圧迫感・振動感[2]）があるが，これらを加味した公の規制・基準はない．道路橋の低周波音の予測手法は，慣用的に使われている評価量について，大型車交通量を説明変数とする回帰式より算出される基準点での値に距離減衰を加味して受音点の値を求める方法となっている．一方，我が国における道路交通振動の評価量は観測された振動レベルの80%レンジの上端値（即ち，統計量）で，同一の交通量でも自動車の走行パターンによって評価量が変動する為，発生源側の振動パワーではなく，基準点における振動レベルの80%レンジの上端値に，基準点から受振点までの伝播過程における超過減衰量や補正量を加味するモデルが採用されている．

　こうした理由から，本書第Ⅰ編での騒音予測でも便宜上，音を騒音，低周波音に分けて扱っているが，構造物振動の発生から地盤や気中などへの振動・音の放射・伝播を物理的なメカニズムとして捉え，その現象を解析したり，沿道・沿線への伝播を予測したりする場合に用いる数値解析手法は，波動現象の解明に適した共通（類似）の計算手法であり，とくに振動，騒音，低周波音で解析手法を区別することは少ない．

　つぎに，地盤振動，超低周波音や低周波音を含む騒音（音）といった波動現象の解法として，よく用いられている数値解析手法について解説する．なお，橋梁振動の数値解析手法については第2章で詳述する．

1.2　数値解析手法

　弾性媒質中における力や変位・速度といった波動現象の挙動を表わした「波動方程式」を計算機を用いて解く，いわゆる，計算力学の分野における中心技術として3つの波動数値解析手法－差分法（Finite-Difference Method：FDM）[2]，有限要素法（Finite Element Method：FEM）[2,3]，境界要素法（Boundary Element Method：BEM）[2,4,5]－が発展してきた．それぞれの特徴を図-1.2.1にまとめる．

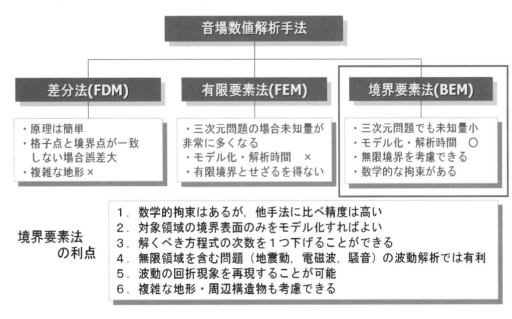

図-1.2.1 波動解析で用いられている数値解析手法

1.2.1　差分法（Finite-Difference Method）

　この 3 つの解法の中で，最も古くから発達してきたのが FDM であり，流れの解析など適用範囲の広い手法である．FDM は，波動方程式（微分方程式）の微分係数を有限個の離散値を用いた差分商で近似し，弾性媒質内に配置した差分格子点に付与した諸量に関する方程式として解く手法である．近年，FDM の一種である，時間領域有限差分法（**Finite-Difference Time-Domain method : FDTD 法**）[6),7)] は，室内音響の解析 [8)] だけでなく，半地下道路からの騒音伝搬 [9)] や道路交通騒音に対する防音壁の遮蔽効果の解析 [10)]，鉄道騒音に対する防音壁の遮蔽効果の解析 [11),12)]，梁・平板構造の振動解析 [13)] にも適用されてきた．振動・音の伝播を表わす支配方程式の微分項を差分商に変更するだけで計算準備が終わる為，専門的な知識を持たない者でも簡単に始めることができる簡便さが FDM の最大の利点であるが，同時に，差分近似の精度が計算の安定性や誤差の主要因となるのも大きな特徴（欠点）である．また，構造体や空間の離散化を格子状で行う為，曲線や曲面を階段状に近似せざるを得ず，複雑な境界形状の場合は適用に難がある．

　構造物の振動や構造物からの放射音の伝播を扱う場合，構造物や空間の分割サイズ Δh は対象振動数（周波数）の上限に相当する波長 λ_{min} の 1/8 以下が望ましい．また，差分方程式を逐次計算する際の時間刻み Δt は差分商の近似次数によって変動するが，目安として $((c \times \Delta t)/\Delta h) \leqq 0.707$（1 次近似）〜0.551（4 次近似）を満たすように設定するとよい（ここで，c は音速）．なお，構造体や空間の分解能 Δh，時間分解能 Δt の詳細な設定については文献 6), 7)，または 3 次元 FDTD 法の計算精度を検証した文献 14) を参照されたい．

1.2.2　有限要素法（Finite Element Method）

　周知のように，FEM は 1950 年代に構造解析の手段として登場し，60 年代中頃から音響分野で適用されるようになった数値解析手法である．現在は，構造物の静的，動的解析のみではなく，流体や音響問題，また，非線形問題でも多く用いられている．航空宇宙工学の構造解析から発展してきた経緯もあって，FEM は変分原理に基づくエネルギー解法と見られがちであるが，重み付き残差法（method of weighted residuals）[13)] の導入によって一般化されたことで，変分原理の成り立たない諸問題（熱・流体等の非構造力学問題）への応用も可能となり，その適用範囲は大きく拡大した．FEM は連続体（弾性媒質）を離散的な節点から成る有限の要素（element）の集合体と見做し，要素節点での関数値（応力や変位等）に関する連立方程式に近似して解く手法である．この方法では，対象とする領域全体を細かな要素に分割し，要素上の節点の状態量を未知数として定式化を行うため，差分法に比べ複雑な境界条件や，領域内で物性値が不均一な場合の問題を取り扱うことができる．FEM は構造体又は空間の領域を要素に分割する為，基本的には FDTD 法と同様に，有限の構造体や閉空間を解析対象とすることが多く，実際，不整形残響室の音場解析 [15)] や室内音響のインパルス応答解析 [16)]，バイオリン本体の振動解析 [17)] などに適用されてきた．FEM を無限領域を対象とする問題に適用する場合にも有限領域としてモデル化せざるを得ず，無限放射を扱う波動の問題では，仮想境界において波の反射などが生じないよう特別な処理が必要となる．また，領域内を全て要素分割することから，特に 3 次元問題や広い空間を取り扱う場合解くべき未知量が非常に多くなり，コンピュータが急速に発展している現在でも，対象とする問題によっては解析時間が非常に長くなる．

　複雑な形状の 3 次元構造物や空間（音場）等の解析では，一般に 4 面体や 6 面体の分割要素が用いられる．ただし，6 面体要素の中には，各頂点に節点をもつ 8 節点要素や，全頂点の間にも節点をもつ 27 節点要素の他，20 節点や 32 節点の要素等など幾つかのタイプがある．FDTD 法（FDM）と同様に，FEM も基本的に要素分割が細かいほど解析精度は向上するが，内挿関数（節点上の値から要素内任意点の値を補間する関数．主にラグランジュ関数）も精度を変動させる要因の一つである．全面剛壁の音響管内音場に対する固有振動数の算出を例にとると，8 節点 6 面体要素（自然スプライン関数）の数値解析で誤差 ε を 1%未満とする場合，波長 λ の 1/16 以下の節点間距離の要素が必要であり，1/4 波長以下の節点間距離の要素の場合は 10%程度の誤差 ε が見込まれた [2)]．

1.2.3　境界要素法（Boundary Element Method）

　BEM は，FDM や FEM と同様に，音の波動性を考慮した数値解析手法として広く用いられている離散化手

法の一つで，ヘルムホルツ方程式や波動方程式と等価な積分方程式を，境界要素を用いて離散化し，数値計算によって解く手法である．FDM や FEM のような領域型解法と異なり，境界面のみを離散化して解く点が BEM の最大の特徴で，自由空間における放射・散乱・回折など開空間の問題に対して特に威力を発揮する [4),5)]．FEM に対する有利な点を以下に示す．

1) 領域全てではなく，境界のみを要素分割すればよい．
2) 2 次元問題では境界が線，3 次元問題では境界が面となることから方程式の次元数を 1 つ少なくできる．
3) 無限領域を扱う外部問題では，無限遠方への波動伝播問題の処理が容易．

ただし，境界積分方程式を導くにあたって現象の基本解が必要になり，また，数学的処理の拘束が大きく応用範囲に制限があるなどの欠点もある．音響解析の分野では支配方程式である波動方程式の基本解が明らかとなっており，特異点など数学的処理方法の研究も数多く進められている背景から，特に外部問題を扱う場合には広く採用されている．

10 数年前までは，道路交通や鉄道車両などを対象に，特殊な音響特性をもつ防音壁の遮蔽効果 [18)]，逆 L 型や厚みをもつ防音壁の遮蔽効果 [19)]などを，2 次元音場を対象に解析していたが，同一断面が連続して続く音場における球面波解を 2 次元音場の円筒波解から導出する方法（2.5 次元数値解析手法と呼ぶ）[20),21)]が開発されて以降，こうした解析手法を用いた研究事例 [9),10),12),22)]が多く報告されている．ちなみに，2.5 次元数値解析手法には，周波数領域の 2 次元 BEM 解を変換する 2.5D-BEM と，時間領域の 2 次元 FDTD 法の解を変換する 2.5D-FDTD 法の 2 つがあり，文献 22)は 2.5D-BEM，文献 9), 10), 12)は 2.5D-FDTD 法である．

なお，BEM を用いて外部空間の問題を解析する場合，対応する内部空間の固有周波数において解の一意性が保障されないという問題がある．この問題への対処方法として，通常の積分方程式とその法線方向微分の積分方程式を結合して解く方法（Burton-Miller 法）や，内部空間に付加点を設けた積分方程式を連立して解く方法（CHIEF 法），内部空間に吸音性の縮退境界（外部境界との間隔を極端に薄くした境界面）を導入して解く方法などが提案されている [2)]．

第 1 章の参考文献

1) 日本音響学会道路交通騒音調査研究委員会：道路交通騒音の予測モデル "ASJ RTN-Model 2018"，日本音響学会誌，75 巻 4 号，pp.188-250，日本音響学会，2019.4
2) 日本音響学会編：音響キーワードブック，コロナ社，2016.3
3) 加川幸雄：有限要素法の基礎と応用シリーズ 9　有限要素法による振動・音響工学／基礎と応用，培風館，1981.10
4) 田中正隆，松本敏郎，中村正行：計算力学と CAE シリーズ 2　境界要素法，培風館，1991.7
5) 境界要素法研究会編：境界要素法の理論と応用，コロナ社，1986.3
6) 宇野亨：FDTD 法による電磁界およびアンテナ解析，コロナ社，1998.3
7) 佐藤雅弘：FDTD 法による弾性振動・波動の解析入門，森北出版，2003.10
8) Sakamoto, S., Nagatomo, H., Ushiyama, A. and Tachibana, H.: Calculation of impulse responses and acoustic parameters in a hall by the finite-difference time-domain method, *Acoust. Sci. & Tech.*, Vol.29, No. 4, pp.256-265, 日本音響学会, 2008.7
9) Sakamoto, S.: Development of energy-based calculation methods of noise radiation from semi-underground road using a numerical analysis, *Acoust. Sci. & Tech.*, Vol.31, No. 1, pp.75-86, 日本音響学会, 2010.1
10) Sakamoto, S.: Calculation of sound propagation in three-dimensional field with constant cross section by Duhamel's efficient method using transient solutions obtained by finite-difference time-domain method, *Acoust. Sci. & Tech.*, Vol.30, No. 2, pp.72-82, 日本音響学会, 2009.3
11) Hiroe, M., Ishikawa, S., Shiraga, R. and Iwase T.: Numerical simulations of propagation of bogie noise in 3D field by Duhamel's transformation using transient solutions calculated by 2D-FDTD method, *Proceedings of 10th International Workshop on Railway Noise*, 2010.10

12) Hiroe, M., Kobayashi, T. and Ishikawa, S.: 2.5-Dimensional finite-difference time-domain analysis for propagation of conventional railway noise: Application to propagation of sound from surface railway and its verification by scale model experiments, *Acoust. Sci. & Tech.*, Vol.38, No. 1, pp.42-45, 日本音響学会, 2017.1

13) Asakura, T., Ishizuka, T., Miyajima, T. and Toyoda M.: Finite-difference time-domain analysis of the vibration characteristics of a beam-plate structure using a dimension-reduced model, *Applied Acoustics*, Vol. 92, pp.75-85, 2015.5

14) Sakamoto, S.: Phase-error analysis of high-order finite difference time domain scheme and its influence on calculation results of impulse response in closed sound field, *Acoust. Sci. & Tech.*, Vol.28, No.5, pp.295-309, 日本音響学会, 2007.9

15) 富来礼次，大鶴 徹：有限要素法による不整形残響室内音場解析，日本建築学会計画系論文集，67 巻 551 号，pp.9-15, 日本建築学会, 2002.1

16) 崔 錫柱，橘 秀樹：有限要素法による室内音場のインパルス応答の数値計算，日本音響学会誌，49 巻 5 号，pp.328-333, 日本音響学会, 1993.5

17) 永井啓之亮，田牧一郎：有限要素法によるバイオリン表板の振動解析，日本音響学会誌，49 巻 7 号，pp.461～467, 日本音響学会, 1993.7

18) Okubo, T. and Fujiwara, K.: Efficiency of a noise barrier with an acoustically soft cylindrical edge, *Journal of the Acoustical Society of Japan (E)*, Vol.19, No. 3, pp.187-197, 日本音響学会, 1998

19) Okubo, T. and Yamamoto, K.: Noise-shielding efficiency of barriers with eaves, *Acoust. Sci. & Tech.*, Vol.28, No. 4, pp.278-281, 日本音響学会, 2007.7

20) Duhamel, D. and Sergent, P.: Efficient calculation of the three-dimensional sound pressure field around a noise barrier, *Journal of Sound and Vibration*, Vol.197, No. 5, pp.547-571, 1996.11

21) Duhamel, D. and Sergent, P.: Sound propagation over noise barriers with absorbing ground, *Journal of Sound and Vibration*, Vol.218, No. 5, pp.799-823, 1998.12

22) Okubo, T. and Yamamoto, K.: Equivalence in diffraction-reducing efficiency between T-profile and thick barrier against road traffic noise, *Acoust. Sci. & Tech.*, Vol.34, No. 4, pp.277-283, 日本音響学会, 2013.7

第2章　振動・低周波音予測のための車両走行による橋梁の動的応答解析

2.1　はじめに

　近年では，設計，施工の合理化により様々な形式の橋梁が建設されていることに加えて，走行性を向上させた車両も数多く走行している．このような時代背景のなかで，これまで自動車の走行に係る振動および低周波音の予測，評価については，すでに定式化した簡易評価手法[1]が提案されている．しかし，上記の背景にあるように様々な橋梁，車種の存在により，簡易予測式をすべてに適用できるわけではない．詳細な解析を行うためには，別途，受振点における振動を予測するための周辺地盤の振動伝播解析，または受音点における低周波音を予測するための低周波音解析が必要になる．

　そこで本章では，それらの解析に用いるための車両走行による橋梁の動的応答値を算出するため，そのモデル化から動的応答解析までを詳細にまとめた．

2.2　振動・低周波音予測のための動的応答解析の手順

　受振点における振動を予測するための周辺地盤の振動伝播解析，または受音点における低周波音を予測するための低周波音解析に用いる車両走行による橋梁の動的応答値を算出するための一連の流れを図-2.2.1に示す．本手法では，橋梁上を走行する車両と橋梁の動的な連成解析を行うため，橋梁側の剛性，質量および減衰マトリックスを順次構築した後，同様に車両側の各マトリックスも構築する流れとなっている．

　まずは，橋梁側の剛性マトリックスを作成した後に静的解析を行い，たわみやひずみ等を算出して，設計値との比較から解析モデルの剛性マトリックスを完成させる．供用段階では車両を用いた載荷試験の結果と比較することにより，支点部の水平変位など境界条件の検討ができ，より実橋の挙動を反映させた解析モデルを構築できる．

　つぎに，固有振動解析を行い，固有振動数や振動モードを算出して，振動特性を把握する．この際に，境界条件をパラメータとして，条件の違いによる振動特性の変化について把握しておくことが必要である．近年では橋梁の固有振動数などの計測を簡単に行うことができるため，供用段階における実測値がある場合は，それらの比較から剛性，質量および境界条件の再評価を行う．

　そのつぎに，動的応答解析を行うため，減衰マトリックスを作成する．減衰マトリックスには，ひずみエネルギー比例減衰を仮定することにより，各振動次数でのモード減衰定数を算出し，そこから得られた任意の2組の固有振動数とそのモード減衰定数を用いて，Rayleigh減衰を仮定した減衰マトリックスを用いることが一般的である．なお，実測値との比較から，実橋の減衰特性を適切に表現できる2組の固有振動数とそのモード減衰定数として，どの振動次数を選択するのか，各技術者の判断により，適切に対象橋梁の減衰特性が反映されるモデル化を行う必要がある．

　剛性，質量，減衰マトリックスが確定した段階で橋梁側のモデル化が完成したことになる．つぎは，外力となる車両側の設定を行う．橋梁同様に車両の諸元から車両側の各マトリックスを構築し，路面凹凸を設定して車両走行による動的応答解析を行う．路面凹凸は，計画・設計段階では確率過程による凹凸を仮定することになるが，供用段階では，実橋での凹凸を用いることを推奨する．とくに，継手部の段差有無の影響は解析結果に大きく影響を与えるため，実際の凹凸性状を確認することが必要である．動的応答解析により得られた結果から卓越振動数，振動モードおよび応答加速度の最大振幅量などの応答値を算出する．なお，様々な路面状態，車両条件（積載，空車，他車種など）により橋梁側の応答がどの程度変化するのか把握する必要があるが，まずは車両1台による応答特性を把握することが必要である．交通量が多い場所に架設された

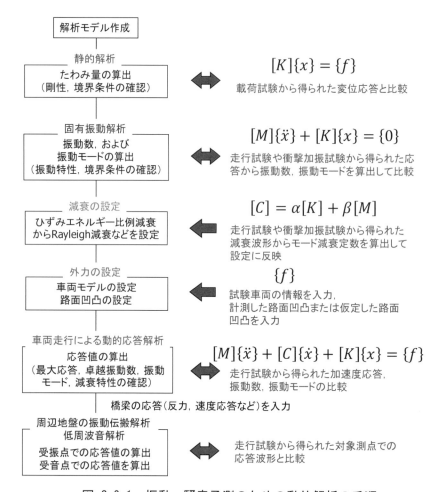

図-2.2.1　振動・騒音予測のための動的解析の手順

橋梁の場合，交通状況を適切にモデル化することも必要である．

　最後に，車両走行による動的応答解析から得られた応答値（橋脚下端での反力データまたは床版・主桁の速度応答など）を用いて周辺地盤の振動伝播解析または低周波音解析を行う．この解析によって得られた敷地境界（官民境界）上での振動レベルまたは音圧レベルを用いて評価することになる．

2.3　解析モデル

　対象橋梁のモデル化の例として，シェル要素やはり要素を用いた立体構造にモデル化した解析モデルを図-2.3.1 に示す [2])．解析モデルでは，床版，主桁および横桁（中間横桁，端横桁）のウェブをシェル要素に，主桁や横桁（中間横桁，端横桁）の上下フランジをはり要素としてモデル化する．

　また，主桁と床版については非合成であっても，微小振幅領域であることを考慮して，剛結してモデル化する．舗装，壁高欄，地覆および中央分離帯は質量のみを考慮するのが一般的であるが，場合によっては地覆などの剛性が影響する場合もあるため，適切な剛性評価が必要である．橋脚柱は，はり要素としてモデル化して，各要素部材での中立軸のくい違いは，オフセット部材（剛部材）を用いて考慮する．また，橋脚下端の境界条件については，橋脚下端部を固定とする場合や地盤ばねを考慮する必要がある．

　支承のモデル化は，対象橋梁における弾性支承または鋼製支承を線形ばね要素にモデル化する．弾性支承の場合，既往の文献 3)を参考にしてそのばね定数を算出する．なお，水平方向においては，交通振動などの微小振幅領域における支承の初期剛性が大きいことが報告されている [4])ことから，それらを考慮して，文献3)において算出した水平ばね値（橋軸，橋軸直角）の 10 倍または 100 倍のケースを仮定して解析することが必要である．

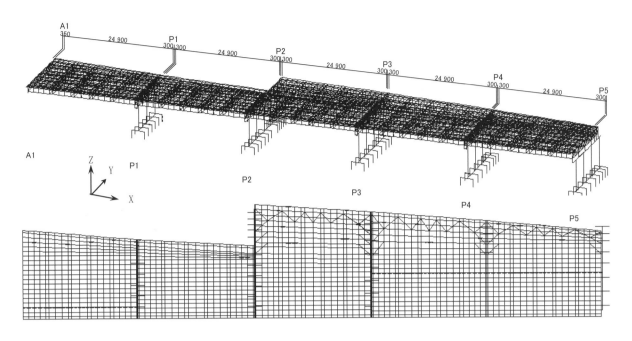

図-2.3.1　解析モデル図[2)]

(出典：深田宰史，吉村登志雄，岡田徹，薄井王尚，浜博和，岸隆：高架橋周辺の環境振動問題に対する桁端ダンパー
の適用，構造工学論文集，Vol.55A，pp.329-342，土木学会，2009.3)

2.4　静的解析による剛性の確認

　解析モデルの剛性を確認するために，静的解析を行う．計画・設計段階の場合には設計値との比較から剛性の妥当性について確認することができる．供用段階においては，既知重量の車両1台または複数台を用いて移動載荷した場合の任意の測点における変位量を比較することにより剛性の妥当性について確認することができる．とくに，支点部の水平変位など境界条件の検討をすることにより，実橋の挙動を反映させた解析モデルを構築できる．また，車線別に荷重を載荷した場合のたわみ量の違いとして，桁のねじりの影響や橋脚および基礎の影響について把握できるように立体的な検討が必要である．

2.5　固有振動解析

　高架橋振動の場合，多径間であるほど近接した振動数で類似した振動モードが数多く出現し，さらに上部構造と下部構造との連成振動が生じることから，橋台間に架設された単純桁橋と比べてその振動特性は非常に複雑となる．そのため，固有振動解析を行って固有振動数および振動モードを把握しなければならない．一例として，たわみ振動の振動モード図を**図-2.5.1**に示す．

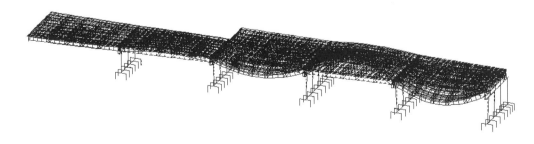

図-2.5.1　橋梁の振動モードの一例[2.)]

(出典：深田宰史，吉村登志雄，岡田徹，薄井王尚，浜博和，岸隆：高架橋周辺の環境振動問題に対する桁端ダンパー
の適用，構造工学論文集，Vol.55A，pp.329-342，土木学会，2009.3)

　計画・設計段階の場合には，設計値としての固有振動特性を把握する．供用段階においては，車両を用いた走行試験や衝撃加振試験などから実橋の振動特性を分析し，実測で得られた卓越振動数および振動モードと比較する．実測との相違が生じたときは，境界条件などをパラメータとして扱い，様々な検討を行い，実橋により近い解析モデルを構築する必要がある．ここで，車両ばね上振動数 2-3 Hz，ばね下振動数 10-20 Hz にどのような振動モードが卓越するのかをよく確認する必要がある．

2.6　減衰特性

　解析モデルの構造減衰として，減衰エネルギーの主要因が，ひずみエネルギーに比例する内部減衰であると仮定したひずみエネルギー比例減衰 [5],[6]を用いる場合が多い．ひずみエネルギー比例減衰は，エネルギー的な尺度により減衰を定義したものであり，一般的には式 (2.6.1) で表される．これにより，i 次振動におけるモード減衰定数 h_i を求めることができる．ここに，n は構造要素数，$\{\phi_{ij}\}$ は i 次振動における要素 j の振動モードベクトル，h_j は要素 j の等価減衰定数，$[K_j]$ は要素 j の要素剛性マトリックス，$\{\phi_i\}$ は i 次振動における構造全体の振動モードベクトル，$[K]$ は構造全体の全体剛性マトリックスである．

$$h_i = \frac{\sum_{j=1}^{n} h_j \{\phi_{ij}\}^T [K_j] \{\phi_{ij}\}}{\{\phi_i\}^T [K] \{\phi_i\}} \tag{2.6.1}$$

　また，解析モデルにおける減衰特性を把握するために，固有値解析から得られた固有モードベクトルを用いて各構造要素のひずみエネルギー比を振動次数ごとまとめることにより，どの部材が減衰に大きく寄与しているのかを把握することができる．そして，上述したひずみエネルギー比と各材料要素の等価減衰定数を掛け合わせることにより各振動次数のモード減衰定数を算出することができる．なお，構造要素として，各材料減衰を仮定することになるが，上部構造におけるコンクリート部材で 1〜2％および鋼部材 1％程度を仮定している [2],[7]．

　モード解析法による動的解析の場合には，ひずみエネルギー比例減衰により算出したモード減衰定数をそのまま用いることができるが，直接積分法による動的解析の場合，減衰マトリックスを作成する必要がある．減衰モデルには大きく分けて，減衰が各次数の固有振動数に逆比例すると考えた質量依存型減衰，減衰が各次数の固有振動数に比例すると考えた剛性比例型減衰 [8]，減衰が剛性と質量の 1 次結合により表される Rayleigh 減衰の 3 種類があるが，一般的には Rayleigh 減衰が用いられることが多い．Rayleigh 減衰を仮定した場合には，式 (2.6.2) の α および η を決定しなければならない．ここに，f_1 および f_2 は対象とする 2 つの振動次数の振動数，h_1 および h_2 はそれらの 2 つの振動次数のモード減衰定数である．したがって，Rayleigh 減衰を仮定するためには，固有振動数とモード減衰定数の組みを 2 組選定することになる．

$$[C] = \alpha[K] + \eta[M] \tag{2.6.2}$$

ここに，$\alpha = \dfrac{h_1 f_1 - h_2 f_2}{\pi (f_1^2 - f_2^2)}$，$\eta = 4\pi f_2 (h_2 - \pi f_2 \alpha)$.

　ここで重要な点は，解析で必要な振動数領域において，各振動のモード減衰が Rayleigh 減衰曲線によりモデル化され，実橋の減衰特性を表現できているのか確認することが必要である．事例として，解析におけるひずみエネルギー比例減衰により算出したモード減衰定数と仮定した Rayleigh 減衰曲線を図-2.6.1 に示す．

　計画および設計段階の場合には，ひずみエネルギー比例減衰により得られたモード減衰定数の下限側をとるように Rayleigh 減衰曲線を決めるが，供用段階において実測値が得られている場合，実測により得られたモード減衰定数を満足するような Rayleigh 減衰曲線を決定する．

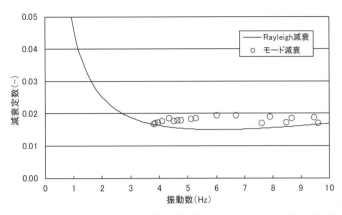

図-2.6.1　モード減衰定数と仮定した Rayleigh 減衰曲線

2.7　車両走行による車両-橋梁系の応答解析

2.7.1　車両モデル

　一般に，車両によるばね振動が橋梁に及ぼす影響として支配的なものは，上下振動，ピッチング振動およびローリング振動とされており，車両走行による動的応答解析では，これらの実際の車両のばね上（サスペンションで支えられている車体や積載物などの質量系），ばね下（車軸およびタイヤを含めた質量系）振動特性を忠実に表現できるようにモデル化することが必要である．ここでは，一事例として，動的解析に用いる車両モデル[2),7)]を図-2.7.1に示す．車両モデルのばね定数および減衰係数の設定方法としては，1車輪分のばね上とばね下を2自由度系とみなし，固有値計算および複素固有値計算を行い，実測の車両振動特性に出来るだけ一致するように決定する．それらを6車輪分組み合わせて，上下振動，ピッチング振動およびローリング振動を再現できるにようにモデル化する．車両モデルについても橋梁モデル同様に，車両モデル全体系として固有振動解析を行うことで，車両モデルの振動数および振動モード（図-2.7.2）を確認することが必要である．

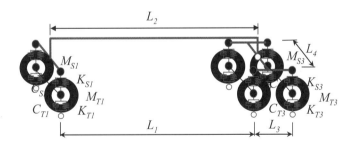

図-2.7.1　車両モデル

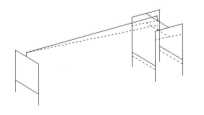
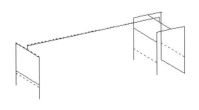

図-2.7.2　車両の振動モードの一例（左：ばね上振動数領域，右：ばね下振動領域）

2.7.2 路面凹凸

　車両走行による動的応答解析に用いる路面凹凸では，対象とする実橋において路面凹凸プロファイルメーターにより計測された路面凹凸を直接用いる方法（**図-2.7.3**）[9]と仮定した路面凹凸パワースペクトル密度を利用して確率的な手法を用いて路面凹凸を解析的に作成する方法[10]が用いられる．また，近年では，周期性を帯びた路面による橋梁と車両－路面系の連成振動[9]が問題になったことから正弦波などの周期路面を波長ごと作成して，最も影響を受ける場合を想定して解析する手法[7]も可能と考えられる．さらに，路面凹凸を考慮した解析の場合，構造形式による影響に加えて，路面凹凸の波長，振幅による影響が大きく，解析結果が大きく変化するため，振動対策の効果を比較する場合は，路面凹凸は考慮せず，橋梁構造モデルのみの影響を各解析モデル間で相対比較することも可能と考えられる．立体車両モデルの場合には，左右車輪位置に路面凹凸を入力することにより，車両のローリング振動による影響を解析することも可能である．

　路面凹凸波形に対する評価方法として，MEM（最大エントロピー法）を用いた路面凹凸パワースペクトル密度を算出し，ISO 8608 における基準[11]と比較する方法が良く用いられる（**図-2.7.4**）．さらに，近

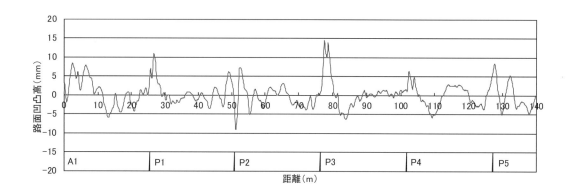

図-2.7.3　路面凹凸波形（追越右車輪位置）[2]

（出典：深田宰史，吉村登志雄，岡田徹，薄井王尚，浜博和，岸隆：高架橋周辺の環境振動問題に対する桁端ダンパーの適用，構造工学論文集，Vol.55A，pp.329-342，土木学会，2009.3）

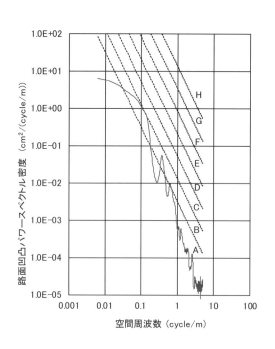

図-2.7.4　ISO8608 による路面分類

年では IRI（国際ラフネス指数）による評価も多く用いられており，既往の文献 [12]から，6 m 程度以上の長波長成分では「C（普通）」ラインが IRI 3.5 mm/m（高速道路における補修目標値に設定されている [13]）に相当するとの知見が得られている．IRI による評価と関連付けて解析に用いる路面凹凸を決定してもよいと考えられる．ただし，橋梁上のみの路面凹凸を IRI で評価する場合，IRI 算出時の評価基準長により，IRI 値が影響されるため注意が必要である（NEXCO 試験方法では 200 m[14]を標準としている）．

2.7.3　運動方程式の解法

　動的応答解析には，事前に計算した固有振動数と固有振動モードを用いるモーダル解析法と運動方程式を直接積分していく直接積分法の 2 つがある．直接積分法は，モーダル解析法に比べて，考慮するモード次数に対する配慮が必要ないため，高次モードまで解析できるが，減衰マトリックスの設定上の不明確さや離散化した節点数が増加した大規模な橋梁を対象とする場合，マトリックスの項数が大きくなり，計算機の記憶容量や膨大な時間を要する．しかし，近年の電子計算機器の発達により自由度の大きなマトリックスにおいても容易に計算できるようになり，直接積分法による解法も見直されてきている．ここでは，直接積分法を用いた解析方法について説明する．

　これまでに算出した，橋梁の全体質量マトリックス$[M]$，全体減衰マトリックス$[C]$，全体剛性マトリックス$[K]$を用いて，橋梁系の各節点の変位ベクトルを$\{Z\}$とすると，車両－橋梁系の運動方程式は，式（2.7.1）のように表される．ここに，$\{F\}$は車両が橋梁に与える外力ベクトルである．

$$[M]\{\ddot{Z}\}+[C]\{\dot{Z}\}+[K]\{Z\}=\{F\} \tag{2.7.1}$$

　また，車両が橋梁に与える外力ベクトルは，任意の時間 t，車両走行速度 V において式（2.7.2）のようになる．ここに，i は軸数で n 軸まで，j は左右輪分で 2 までの重ね合わせとなっている．また，鉛直上向きを正とし，$m_{ij}g$ は各軸重，K_{Tij} および C_{Tij} は i 軸目のばね下ばね定数およびばね下減衰係数をそれぞれ示す．W_{Tij} は車両のばね下の鉛直変位，Z_{ij} は各車軸位置における橋梁の鉛直変位，Δ_{ij} は各車軸位置における路面の凹凸を表している．$\phi(t)$ は車両の各軸重が載荷している要素の両節点に比例配分する係数ベクトルを表す．

$$\{F\}=\sum_{i=1}^{n}\sum_{j=1}^{2}\{-m_{ij}g+C_{Tij}(\dot{W}_{Tij}(t)-\dot{Z}_{ij}(t)-\dot{\Delta}_{ij}(Vt))+K_{Tij}(W_{Tij}(t)-Z_{ij}(t)-\Delta_{ij}(Vt))\}\,\phi(t) \tag{2.7.2}$$

　前節にて示した車両モデルは，前輪および後輪を考慮し，ばね上，ばね下まで含めた 3 軸の立体車両モデルである．その車両の運動方程式を式（2.7.3）に示す．

$$[M_V]\{\ddot{W}\}+[C_V]\{\dot{W}\}+[K_V]\{W\}=\{F_V\} \tag{2.7.3}$$

　ここに，$[M_V]$，$[C_V]$ および $[K_V]$ はそれぞれ車両の質量マトリックス，減衰マトリックスおよび剛性マトリックスである．$\{W\}$ は車両の変位ベクトル，$\{F_V\}$ は車両が受ける外力ベクトルであり，式（2.7.4）で表される．なお，$\psi(t)$ は車両のばね下節点に配分する係数ベクトルを表している．

$$\{F_V\}=\sum_{i=1}^{n}\sum_{j=1}^{2}\{C_{Tij}(\dot{Z}_{ij}(t)+\dot{\Delta}_{ij}(Vt))+K_{Tij}(Z_{ij}(t)+\Delta_{ij}(Vt))\}\psi(t) \tag{2.7.4}$$

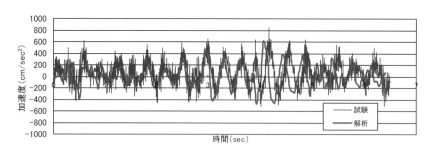

(a)　車両（後輪ばね上）の加速度

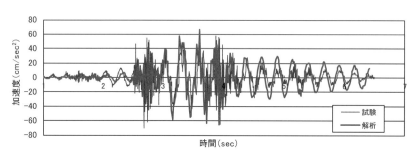

(b)　橋梁（径間中央）の加速度

図-2.7.5　実験値と解析値における応答値の比較 [2]

（出典：深田宰史，吉村登志雄，岡田徹，薄井王尚，浜博和，岸隆：高架橋周辺の環境振動問題に対する桁端ダンパー
の適用，構造工学論文集，Vol.55A，pp.329-342，土木学会，2009.3）

　これらの式を解く上で車両と橋梁の連成項が生じるため，収束計算を用いた解法がよく使われる．
また，式（2.7.1）および式（2.7.3）の運動方程式を解くために，Newmark β法 [15]などを用いることにより，
各時刻での橋梁と車両の応答値を算出することができる．図-2.7.5 に試験と解析における車両（後輪ば
ね上）および橋梁（径間中央）の加速度波形を比較した一例を示す．

　また近年では，車両ばね下位置で実測した加速度波形を積分した速度波形および変位波形にそれぞれ
車両モデルのばね下の減衰係数およびばね下ばね定数を掛け合わせ，これに車両荷重の静的成分を加え
た疑似的な外力を用いた疑似応答解析手法 [16]も行われており，第3章で詳述する．

　最後に，この車両走行による動的応答解析から得られた応答値を用いて周辺地盤の振動伝播解析または低
周波音解析を行う．例えば，周辺地盤の振動伝播解析では，橋脚下端（フーチング）での反力データを用い
ることになり，低周波音解析では，床版や主桁の速度応答を用いることになる．これらの解析によって得ら
れた敷地境界（官民境界）上での振動レベルまたは音圧レベルを最終的に評価することになる．

2.8　列車走行による鉄道橋の動的応答解析

　鉄道橋の列車走行による動的応答解析の基本的な考えは，列車や鉄道橋のモデル化には注意を必要とする
ものの，先述の車両走行による道路橋の動的応答解析と同じである．走行時の列車の動的応答を再現するた
めには，上下の振動のみならずスウェイやヨーイング振動も再現できる詳細なモデルから [17]，上下振動の影
響が卓越する地盤振動などの環境振動解析に特化したモデル [18]などその目的によってモデル化が行われてい
る．特に，構造物の鉛直方向の振動応答に着目する場合，鉛直応答に寄与するバウンシング，ピッチングお
よびローリング振動のみを考慮した低自由度の車両モデルで，十分に構造物の応答を評価できる．関連して，
近年は汎用有限要素解析ソフトを用いた試みもある．

　列車と構造物との相互作用において，輪軸の質量が車両全体質量に占める割合が少ないこと，さらに庄司
ら [19]の実測に基づく報告によれば，直線区間において軌道が適切な維持管理状態にあれば，実測による輪重

変動が少ないことから，車輪質量の鉛直方向加速度による慣性力の変動を考慮しないモデルとして簡略化できる．また，列車の挙動をより厳密に表現するためには，涌井ら[20]が検討しているような車輪とレールとの接触力を算定できる接触モデルを考慮するのが望ましい．しかし，正確な接触モデルを導入するのが複雑な上に，軌道状態が適切な維持管理状態にある直線区間を対象とし，車両の自重が支配的な鉛直方向の橋梁応答に着眼する橋梁応答には，車輪とレールの変位は等しいものとしても橋梁の応答に大きな影響がないと考えられる．勿論，軌道不整等による高周波数域での車輪の滑りによる輪重変動やレール振動などを表現できないため，高周波数領域で橋梁の振動を評価するのには精度上限界がある．

2.8.1　車両モデル

図-2.8.1 にスウェイやヨーイング振動を表現できる 15 自由度を持つ新幹線列車モデルの例を示す．また上下振動に特化した 9 自由度を持つ新幹線列車モデルの例を図-2.8.2 に示す．図-2.8.1 と図-2.8.2 の y は水平運動に関わる自由度，z は上下運動に関わる自由度，t は回転運動に関わる自由度を表す．添字 j は j 番目の車両，添字 $l=1$ は前台車，添字 $l=2$ は後台車 添字 $k=1$ は前輪，添字 $k=2$ は後輪を表す．また，$m, c,$ k はそれぞれ車両モデルの質量，減衰係数，ばね定数を表す．

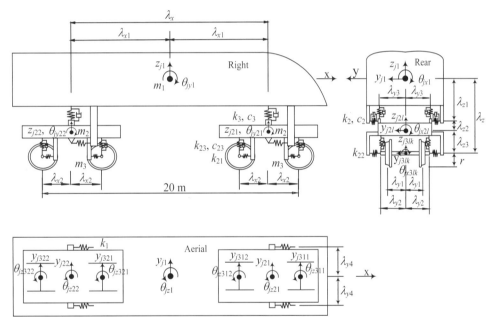

図-2.8.1　15 自由度列車モデル

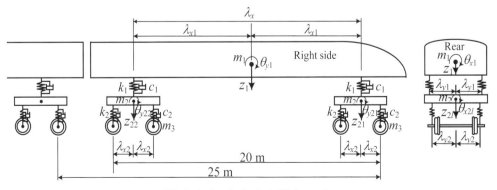

図-2.8.2　9 自由度列車モデル

2.8.2 橋梁モデル

橋梁のモデルについても道路橋のモデルと大きく相違はないが，鉄道橋の場合には軌道モデルを有する．**図-2.8.3** に一般的な形式である 1 層 2 柱式 3 径間の鉄筋コンクリートのラーメン高架橋を示す．**図-2.8.3** の Point-1~Point-3 は後述する鉄道高架橋の動的応答の着目点である．高架橋本体は 1 ブロック単位で構造的に独立しているが，連続する複数のブロックは，橋軸方向に軌道で繋がっている．そのため，検討対象とする 1 ブロック 24 m の高架橋の両側に各 1 ブロック配置し，計 3 ブロック 72 m について有限要素にモデル化する．これによって，検討対象とする鉄道高架橋への走行列車の進入および退出における軌道の影響つまり端部境界条件を考慮することが可能となる．また地盤振動の検討などでは，柱下端部に，基礎と地盤の影響を考慮する必要があり，地盤ばねを設けることで簡単に地盤モデル化ができる．

バラスト軌道の軌道モデルについては，レールを一節点 6 自由度の三次元はり要素でモデル化する．軌道支持部の構造はマクラギ位置下端にマクラギ間隔で二重節点を定義し，回転を除いた各方向にばねを設ける．軌道モデルの例を**図-2.8.4** に示す．レールの剛性諸元，軌道のばね係数の例を**表-2.8.1** に示す．鉛直方向の軌道ばね係数は，輪重とレールの上下変位の比で求めた値を用いる．また，水平方向の軌道ばね係数は鉛直方向の 1/3 の値とする [18]．これは，バラスト軌道であることから，基礎の地盤ばねを参考に，水平方向の地盤ばねが鉛直方向の 1/3 程度である [21] ことから定められる．鉄道高架橋の健全度判定に用いる衝撃振動試験による固有振動数の実測結果のシミュレーションでは，実際の基礎ばねの値は設計用値の 1~10 倍程度の大きさであることが示されており [21]，平均的には設計値の 2 倍程度は見込めると考えられる．

軌道狂いについては一般的に高低狂いのみ考慮する．レール凹凸の実測例を**図-2.8.5** に示す．

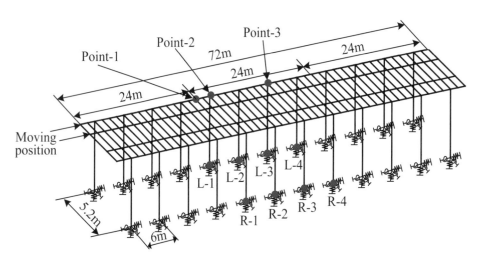

図-2.8.3 3 ブロック高架橋モデル [18)を一部修正]

(出典：川谷充郎，何興文，白神亮，関雅樹，西山誠治，吉田幸司：高速鉄道高架橋の列車走行時の振動解析，土木学会論文集 A，Vol. 62, No. 3, pp.509-519，土木学会，2006.7)

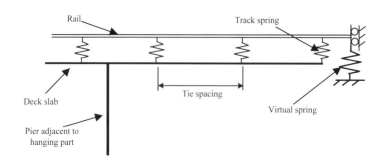

図-2.8.4 軌道モデル

表-2.8.1 レールの物性値

面積（m²）	7.75×10^{-3}
質量（t/m）	0.0608
断面2次モーメント(m⁴)	3.09×10^{-5}
軌道のばね定数（MN/m）	70

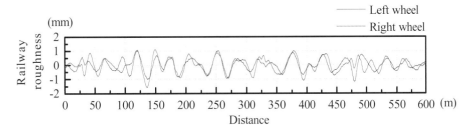

図-2.8.5 軌道狂いの計測例 [18]

（出典：川谷充郎，何興文，白神亮，関雅樹，西山誠治，吉田幸司：高速鉄道高架橋の列車走行時の振動解析，土木学会論文集A，Vol. 62, No. 3, pp.509-519，土木学会，2006.7）

2.8.3　列車走行による鉄道橋の動的応答

図-2.8.3の高架橋上を図-2.8.2の9自由度系車両が16両編成で, 270 km/h で走行するときのPoint-1~Point-3の加速度応答の計測値と解析値を図-2.8.6に示す. 解析による加速度振幅が実測値より大きいものの, フーリエスペクトルを見ると実測結果に類似した振動特性を示しており, 鉄道橋の列車走行に伴う環境振動予測に解析による検討の可能性を示唆する.

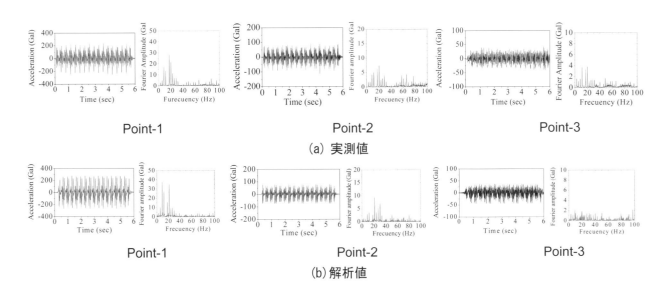

(a) 実測値

(b) 解析値

図-2.8.6 鉄道高架橋の加速度応答とフーリエスペクトル [18]を一部修正

（出典：川谷充郎，何興文，白神亮，関雅樹，西山誠治，吉田幸司：高速鉄道高架橋の列車走行時の振動解析，土木学会論文集A，Vol. 62, No. 3, pp.509-519，土木学会，2006.7）

2.8.4 張り出し部補強による鉄道橋の振動低減対策

具体的な高架橋の振動軽減対策工をモデル化した事例[18),22)]について，その対策効果について検討を行った例を示す（図-2.8.7）．図-2.8.6 に示す通り高架橋の加速度応答は Point-1(張出し構造部) が大きくなっている．この振動特性に着目し，張り出し構造部を補強する場合について連成振動解析を行い，高架橋振動特性の改善効果について確認する．

補強効果を確認するため補強前とストラット補強をする場合の鉛直方向の加速度波形とフーリエスペクトルを図-2.8.8 に示す．ストラットで補強することによって加速度の振幅は小さくなっている．特に 10 Hz から 30 Hz 付近の振幅が小さくなっている．このように，橋軸方向に張り出し構造を持つ高架橋では，張り出し構造部の剛性を高める補強を実施することで，高架橋の振動特性の改善効果が得られる．

この事例のように，鉄道橋においても車両－橋梁連成系の動的解析による振動低減対策の事前評価・予測が十分可能であると考える．

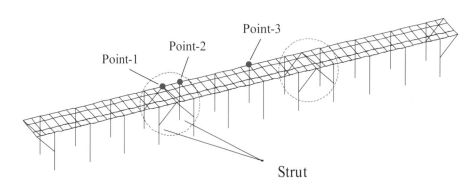

図-2.8.7 張り出し部のストラット補強した 3 ブロック高架橋モデル[18)を一部修正]

（出典：川谷充郎，何興文，白神亮，関雅樹，西山誠治，吉田幸司：高速鉄道高架橋の列車走行時の振動解析，土木学会論文集Ａ，Vol. 62, No. 3, pp.509-519, 土木学会，2006.7）

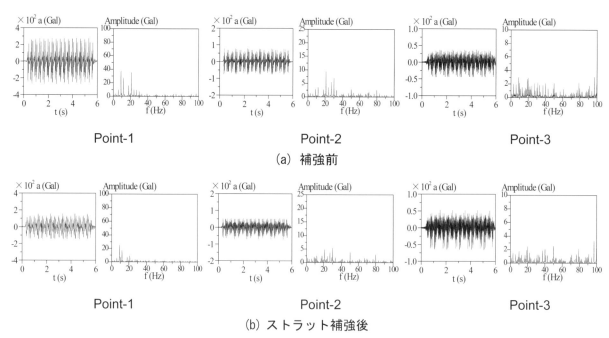

Point-1　　　　　　　　　Point-2　　　　　　　　　Point-3

（a）補強前

Point-1　　　　　　　　　Point-2　　　　　　　　　Point-3

（b）ストラット補強後

図-2.8.8 ストラット補強前後の加速度応答[18)を一部修正]

（出典：川谷充郎，何興文，白神亮，関雅樹，西山誠治，吉田幸司：高速鉄道高架橋の列車走行時の振動解析，土木学会論文集Ａ，Vol. 62, No. 3, pp.509-519, 土木学会，2006.7）

2.8.5　鉄道橋の動的応答解析を用いた地盤振動，騒音予測事例

　RC高架橋を対象に，上述のような動的応答解析を活用し，周辺の地盤振動や構造物音を予測した事例を紹介する[23],[24]．

　文献23)では，全体系の振動問題を車両・軌道系モデルと構造物・地盤系モデルの弱連成問題とみなして，詳細に車両や軌道をモデル化した車両・軌道系モデルでの解析結果の軌道下面（構造物天端）での反力を，高架橋延長95m，地盤の深さ210m分をモデル化した構造物・地盤系モデルに加振力として入力し，地盤振動の解析を行っている．解析は実測をおおむね再現できていることが確認された上で，地盤条件，部材剛性，列車重量，列車速度，軌道変位等の影響について分析されている．

　文献24)では，**図-2.8.9** に示すように，構造物の動的応答解析で得られた振動を音響解析に入力して，構造物音の予測を試みている．構造物の動的応答解析は，文献23)と同様に，精緻に車両や軌道をモデル化した車両・軌道系モデルと，主に構造物を三次元にモデル化した軌道・構造物系モデルに分け，前者で得られた反力を後者での加振力として解析を行っている．この方法により，個々のモデルの解析自由度を全体系よりも大幅に削減でき，効率的に解析が可能である．ちなみに，車両・軌道系モデルでは，車両は1車両あたり31自由度（三次元）で，車輪とレールの接触力も考慮され，軌道変位も実測結果の変位波形が与えられている．音響解析は，構造物（ラーメン高架橋）を内部境界面とし，構造物の動的応答解析から得られた構造物の加速度履歴をフーリエ変換により最大200Hzまでの周波数領域に変換し，内部境界面へマッピングし適用されている．解析結果の一例として，**図-2.8.10** に高架橋の振動モードと音圧分布，**図-2.8.11** に，構造物音の予測の実測との比較を示す．**図-2.8.10** の3つの周波数は，**図-2.8.11** に示す音響解析結果で他の周波数よりも大きい周波数である．張出しスラブや中間スラブの固有振動モードが卓越しており，いずれも解析領域内で音圧の大小が変動しており，高い周波数ほど音圧分布の縞模様の間隔が狭くなっている．また，**図-2.8.11** に示した予測と実測との比較は，軌道中心から12.5m点での，列車速度270km/hの際のものである．実測は，構造物音以外の騒音が含まれているため単純比較はできないが，卓越している3つの周波数においては実測に近い結果となっており，構造物の固有振動モードが卓越する周波数帯においては構造物音が沿線の騒音の主要因となりうることがわかる．

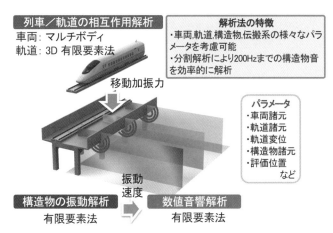

図-2.8.9　構造物の動的応答解析と音響解析を組合わせた解析システムの概要[24]

（出典：渡辺勉，宇田東樹，北川敏樹，唐津卓哉，清野多美子，尾川慎介：数値解析に基づくRC高架橋の構造物音評価法，第26回鉄道技術連合シンポジウム(J-RAIL 2019)，2019.12）

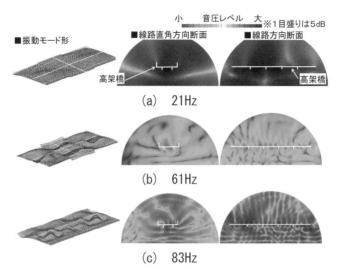

(a) 21Hz

(b) 61Hz

(c) 83Hz

図-2.8.10 RCラーメン高架橋の振動モードと音圧分布の解析例 [24]

(出典：渡辺勉，宇田東樹，北川敏樹，唐津卓哉，清野多美子，尾川慎介：数値解析に基づくRC高架橋の構造物音評価法，第26回鉄道技術連合シンポジウム(J-RAIL 2019)，2019.12)

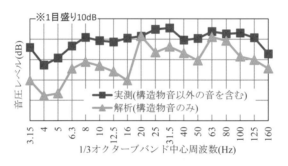

図-2.8.11 RCラーメン高架橋の音響解析と実測の比較（軌道中心から12.5m，速度270km/h） [24]

(出典：渡辺勉，宇田東樹，北川敏樹，唐津卓哉，清野多美子，尾川慎介：数値解析に基づくRC高架橋の構造物音評価法，第26回鉄道技術連合シンポジウム(J-RAIL 2019)，2019.12)

第2章の参考文献

1) 国土交通省国土技術政策総合研究所，土木研究所：道路環境影響評価の技術手法（平成24年度版），国土技術政策総合研究所資料 No.714，土木研究所資料 No.4254，2013.3

2) 深田宰史，吉村登志雄，岡田徹，薄井王尚，浜博和，岸隆：高架橋周辺の環境振動問題に対する桁端ダンパーの適用，構造工学論文集，Vol.55A，pp.329-342，土木学会，2009.3

3) 吉田純司，阿部雅人，藤野陽三：高減衰積層ゴム支承の3次元有限要素解析法，土木学会論文集，No.717/I-61，pp.37-52，土木学会，2002.10

4) 深田宰史，薄井王尚，梶川康男，原田政彦：解析上で斜角延長床版化した橋梁の振動・音響特性に関する一考察，構造工学論文集，Vol.53A，pp.287-298，土木学会，2007.3

5) 山口宏樹，高野晴夫，小笠原政文，下里哲弘，加藤真志，加藤久人：斜張橋振動減衰のエネルギー的評価法と鶴見つばさ橋への適用，土木学会論文集，No.543/I-36，pp.217-227，土木学会，1996.7

6) 米田昌弘：ニールセン型ローゼ桁橋の構造減衰特性に及ぼす吊材の影響，土木学会論文集，No.651/IV-47，pp.157-162，土木学会，2000.6

7) 深田宰史，室井智文，樅山好幸，梶川康男：路面補修前後の長期モニタリングから評価した周期性路面

の橋梁に及ぼす影響，土木学会論文集，A1分冊，Vol.67, No.1, pp.121-136, 土木学会, 2011.3

8) 横川英彰，中島章典，緒方友一，青戸清剛，笠松正樹：基部からの散逸減衰の影響を含む高架橋模型の振動実験とその解析，構造工学論文集，Vol.54A, pp.209-217, 土木学会, 2008.3

9) 室井智文，薄井王尚，樅山好幸，深田宰史，梶川康男，幸田信則：伸縮継手付近の路面凹凸の影響を受けた大型車両とPC桁橋の振動特性，構造工学論文集，Vol.54A, pp.171-180, 土木学会, 2008.3

10) 橋梁振動研究会 編：橋梁振動の計測と解析，技報堂出版，1993

11) ISO 8608: Mechanical vibration – Road surface profiles – Reporting of measured data, 1995

12) 広井智，深田宰史，樅山好幸，室井智文，岡田裕行：高速道路を走行する大型車両のばね上振動に影響を与える橋梁上の長波長路面に対する評価方法，舗装工学論文集，第14巻, pp.179-187, 土木学会, 2009.12

13) 東日本・中日本・西日本高速道路株式会社：調査要領，p.3-2, 高速道路総合技術研究所, 2017.7

14) 東日本・中日本・西日本高速道路株式会社：NEXCO試験方法，第2編 アスファルト舗装関係試験方法（試験法 248-2017），高速道路総合技術研究所, 2017.7

15) Bathe, K.J. and Wilson, E.L., 菊池文雄 訳：有限要素法の数値計算，科学技術出版社, 1979.

16) 大竹省吾，中村一史，長船寿一，岩吹啓史，鳥部智之，平栗昌明：道路橋の交通振動の疑似応答解析を用いた応答加速度の推定方法に関する研究，土木学会論文集A2（応用力学），Vol.72A, No.2, pp.I_707-I_718, 土木学会, 2016

17) He, X., Kawatani, M., Yamaguchi, S. and Nishiyama, S.: Evaluation of Site Vibration around Shinkansen Viaducts under Bullet Train, Proc. of 2nd International Symposium on Environmental Vibrations (ISEV2005), Okayama, Japan, Sep. 20-22, 2005

18) 川谷充郎，何興文，白神亮，関雅樹，西山誠治，吉田幸司：高速鉄道高架橋の列車走行時の振動解析，土木学会論文集A，Vol. 62, No. 3, pp.509-519, 土木学会, 2006.7

19) 庄司朋宏，伊藤裕一，関雅樹：高速列車の輪重分布と鋼桁部材の発生応力分布における研究，土木学会第59回年次学術講演会講演概要集，I-078, 土木学会, 2004.9

20) 涌井一，松本信之，松浦章夫，田辺誠：鉄道車両と線路構造物の連成応答解析法に関する研究，土木学会論文集，No.513/I-31, pp.129-138, 土木学会, 1995.4

21) 西村昭彦：ラーメン高架橋の健全度評価法の研究，鉄道総研報告，Vol.3, No.9, 鉄道総合技術研究所, 1990.9.

22) 吉田幸司，関雅樹：RCラーメン高架橋の柱剛性向上による鉄道振動への影響，構造工学論文集，Vol. 50A, pp.403-412, 土木学会, 2004.3

23) 渡辺勉，曽我部正道，横山秀史，三橋祐太：鉄道RCラーメン高架橋沿線の地盤振動に関する数値解析的検討，コンクリート工学年次論文集，Vol.40, No.2, 日本コンクリート工学会, 2018.7

24) 渡辺勉，宇田東樹，北川敏樹，唐津卓哉，清野多美子，尾川慎介：数値解析に基づくRC高架橋の構造物音評価法，第26回鉄道技術連合シンポジウム(J-RAIL 2019), 2019.12

第3章 道路橋交通振動の簡易解析

3.1 車両振動の実測値を用いた橋梁の応答解析方法

3.1.1 応答解析方法の概要

　車両が橋梁上を走行する際の橋梁の応答解析には，**図-3.1.1**の左側に示す，橋梁の路面上を車両が走行する際の動的相互作用を考慮する車両－橋梁系の応答解析が一般に用いられている．この解析では，橋梁上を移動する車両と橋梁との動的相互作用を考慮できる専用プログラムが必要となる．また，橋梁の路面凹凸や，車両モデルを適切に設定する必要がある．一方，実務設計での活用の観点に立つと，橋梁の応答解析の用途は，振動・低周波音対策等の効果の検証が主な用途であることから，解析手法は，苦情原因となる周波数帯の応答の再現に着目した簡易な方法で十分な場合もある．このような解析手法の一つとして，**図-3.1.1**の右側に示すように，車両振動の実測値を用いて車両から橋梁に作用する外力を設定する手法[1]がある．同解析方法は，解析プログラムには，汎用プログラムが利用できる比較的取り扱いが容易な解析方法である．橋梁の応答解析には，車両振動の実測値から設定した外力を移動荷重として橋梁に作用させる解析方法（以降，「疑似応答解析」と呼ぶ）である．

3.1.2 車両からの外力の設定方法

　橋梁モデル上で車両モデルを移動させることで橋梁と車両の動的相互作用を考慮する車両－橋梁系の応答解析は，車両モデルを簡易な1軸2自由度系モデルで表した場合，**図-3.1.2**に示す橋梁の路面凹凸の上を移動する車輪のばねの下端と橋面の振動を同一として橋梁と車両の運動方程式を連立させて解くものである．

　このとき，走行車両が橋梁に及ぼす外力Pは式（3.1.1）で表される．

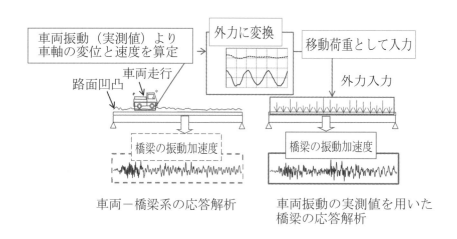

図-3.1.1 簡易解析方法の概念[1]を一部修正

（出典：大竹省吾，中村一史，長船寿一，岩吹啓史，鳥部智之，平栗昌明：道路橋の交通振動の疑似応答解析を用いた応答加速度の推定方法に関する研究，土木学会論文集A2（応用力学），Vol. 72, No. 2, pp. 707-718, 土木学会, 2017.1)

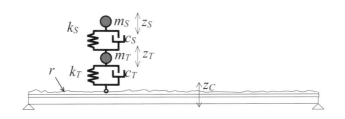

図-3.1.2　1軸2自由度系モデル [1]

（出典：大竹省吾，中村一史，長船寿一，岩吹啓史，鳥部智之，平栗昌明：道路橋の交通振動の疑似応答解析を用いた応答加速度の推定方法に関する研究，土木学会論文集 A2（応用力学），Vol. 72, No. 2, pp.707-718, 土木学会, 2017.1）

$$P = -(m_S \ddot{z}_S + m_T \ddot{z}_T) + (m_S + m_T)g = k_T(z_T - z_c - r) + c_T(\dot{z}_T - \dot{z}_c - \dot{r}) + (m_S + m_T)g \qquad (3.1.1)$$

ここに，

m_S ：車体部における質量

c_S ：車体部における粘性減衰係数

k_S ：車体部におけるばね定数

m_T ：タイヤ部における質量

c_T ：タイヤ部における粘性減衰係数

k_T ：タイヤ部におけるばね定数

z_S ：車両の車体部（ばね上部）の鉛直方向変位

z_T ：車両のタイヤ部（ばね下部）の鉛直方向変位

z_C ：車両載荷位置における橋梁の鉛直方向変位

r ：路面凹凸における鉛直プロファイル

g ：重力加速度

この計算には，一般に専用プログラムが必要となり，橋梁系と車両系の運動方程式の連成項が生じるため収束計算を用いた解法がよく用いられている．

これに対して，車両振動の実測値を用いた橋梁の応答解析方法では，走行車両が橋梁に及ぼす疑似的な外力P'を式（3.1.2）で定義している．

$$P' = k_T(z_{TR}) + c_T(\dot{z}_{TR}) + (m_S + m_T)g \qquad (3.1.2)$$

ここに，

z_{TR} ：タイヤ（車軸）の鉛直方向加速度の実測値$\ddot{z}_{TR}$を積分して算定した鉛直方向変位

$\dot{z}_{TR}$ ：タイヤ（車軸）の鉛直方向加速度の実測値$\ddot{z}_{TR}$を積分して算定した鉛直方向速度

それぞれにタイヤのばね値k_Tと減衰係数c_Tを掛け合わせた値を動的な成分とし，これに静的な成分である車両荷重を加算した荷重P'を疑似的な外力として作用させるものとする．

3.1.3　解析方法の適用範囲

車両振動の実測値を用いた橋梁の応答解析方法は，**図-3.1.1**にその概念を示したように，車両による外力を移動荷重として橋梁上に作用させることで橋梁の応答解析を行うものである．

ここで，車両から橋梁に作用する荷重を算定する際の鉛直方向変位と鉛直方向速度は，車軸の変位 z_T，と速度$\dot{z}_T$である．車両－橋梁系の応答解析では，式（3.1.1）に示すとおり，車軸と車軸位置の路面（路面凹凸の鉛直プロファイルと橋梁振動の和）の相対値となることから両解析方法の外力は等しくない．ただし，苦

情原因となる周波数帯においては，車両が路面と，橋梁が車両と共振し，両者の振幅が大きくなることと，車軸（z_T）が共振する周波数帯では，**図-3.1.3**に示すとおり，車軸（z_T）と路面（$r+z_C$）との位相が90°ずれるため，車軸（z_T）の鉛直変位は，車軸と路面の相対変位（z_T-r-z_C）と同等となるという特徴がある．このことより，車両振動の実測値を用いた橋梁の応答解析方法は，苦情原因となる周波数帯における現況再現と対策効果の推定において，車両−橋梁系の応答解析と同等の結果が得られることが確かめられている[1]．

このため，同解析方法は，苦情原因となる周波数帯の現況再現と，対策効果の推定において実用的と考えられる．ただし，車両振動の実測値を用いることから，橋梁の構造系の大幅な変更や，路面改修により対策周波数帯の車両振動の振幅が対策目標に対して有意に変化する場合は適用外となる．

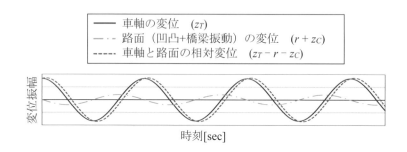

図-3.1.3　車両が共振する場合の入力変位の比較 [1]を一部修正

(出典：大竹省吾，中村一史，長船寿一，岩吹啓史，鳥部智之，平栗昌明：道路橋の交通振動の疑似応答解析を用いた応答加速度の推定方法に関する研究，土木学会論文集 A2（応用力学），Vol. 72, No. 2, pp. 707-718, 土木学会, 2017.1)

3.2　車両振動の実測値を用いた橋梁の応答解析の試算例

3.2.1　試算の概要

ここでは，疑似応答解析の実施方法と応答結果の特徴を示すため，低周波音苦情の発生している代表橋梁に対して，動的応答解析と疑似応答解析の両解析方法を適用し，実測値との対比を行うとともに，仮に対策工法を設置した場合の対策効果予測の比較を行った．

3.2.2　対象橋梁

橋梁から発生する低周波音の実態調査には，全国の道路橋 80 箇所周辺におけるデータを分析した研究[2]があり，コンクリート橋に比べ，鋼橋の音圧レベルがやや大きいものとされている．ここでは，鋼橋のうち，数量の多い鈑桁形式を対象とし，近年施工実績の増えている少数主桁の合理化構造に着目した．**表-3.2.1**に分析対象橋梁の諸元を，**図-3.2.1**に一般図を示す．

表-3.2.1　分析対象橋梁

橋梁形式	スパン	主桁間隔
鋼 10 径間連続鈑桁(2 主桁)	34.25 m＋35 m×8＋34.25 m	6.9 m

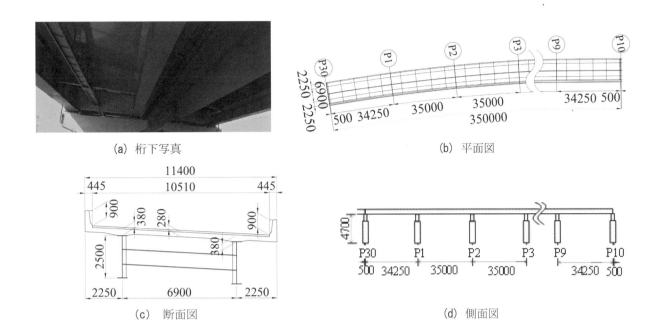

(a) 桁下写真　　　　　　　　　　(b) 平面図

(c) 　断面図　　　　　　　　　　(d) 側面図

図-3.2.1　対象橋梁（単位 [mm]）[1]

（出典：大竹省吾，中村一史，長船寿一，岩吹啓史，鳥部智之，平栗昌明：道路橋の交通振動の疑似応答解析を用いた応答加速度の推定方法に関する研究，土木学会論文集 A2（応用力学），Vol. 72, No. 2, pp. 707-718，土木学会，2017.1）

3.2.3　着目周波数

　低周波音による苦情は，建具のがたつきなどによる"物的苦情"と，室内での不快感などの"心身に係る苦情"とに大別され[3]．また，人間の聴覚では基本的に知覚することのできない超低周波音と呼ばれる 20 Hz 付近を境に，これより低い周波数では"物的苦情"の発生する可能性が高く，逆にこれより高い周波数では"心身に係る苦情"の発生する可能性が高い傾向にある[4]．

　ここでは，建具のがたつきなどによる"物的苦情"の原因となる超低周波音に着目し，20 Hz 以下の周波数を着目周波数とした．また特に，鋼鈑桁橋において物的苦情が問題となる可能性の高い周波数は，大型車両のばね上振動に起因する「3.15〜5 Hz 帯」と，ばね下振動に起因する「10〜20 Hz 帯」である[4]ことから，これらの周波数帯に着目した．

3.2.4　橋梁のモデル化

　橋梁モデルを**図-3.2.2**に示す．床版と桁，地覆・壁高欄はシェル要素，対傾構，下横構は梁要素，ゴム支承はばね要素でモデル化した．舗装は質量のみを考慮し，下部工は，上部工の振動特性の再現において影響が小さいと判断し，モデル化を省略した．モデルの分割は，橋軸方向に関しては，1 径間当たり 8 分割，橋軸直角方向は全幅を 10 分割した．着目する周波数の上限値である 20 Hz 程度までの振動モードは，橋軸方向に対しては 1 径間当たり 1.0 波長程度，橋軸直角方向に対しても 0.5 波長程度となることから，十分に密な分割である．**図-3.2.3**に，周波数応答解析により算定した卓越周波数を示す．「3.15〜5 Hz 帯」と，「10〜20 Hz 帯」のピーク周波数は，それぞれ 3.15 Hz 帯（2.8〜3.5 Hz），12.5 Hz 帯（11.2〜14.1 Hz）である．**図-3.2.4**に，3.15 Hz 帯，12.5 Hz 帯の代表的な振動モード図を示す．前者は，主桁支間中央がピークとなる鉛直振動であり，後者は床版支間中央がピークとなる鉛直振動である．車両走行解析で用いる橋梁部材の減衰定数は，道路橋示方書の線形部材の値として鋼材は 2%，床版コンクリートと支承は 3% とした．なお，車両走行時の橋梁の減衰定数に関しては，深田らによる PC 桁橋に対する実測データの分析[5]があり，道路橋示方書の線形部材の1/2 である 1.5% 程度の値が確認されていることから，本研究の値は幾分大き目の設定と推察される．

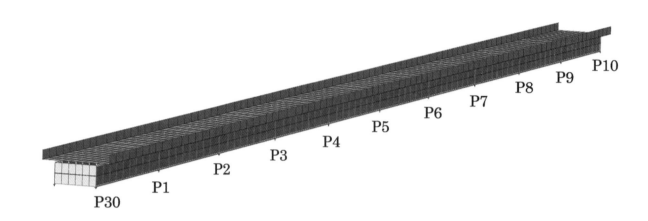

図-3.2.2　橋梁の解析モデル[1]

（出典：大竹省吾，中村一史，長船寿一，岩吹啓史，鳥部智之，平栗昌明：道路橋の交通振動の疑似応答解析を用いた
応答加速度の推定方法に関する研究，土木学会論文集 A2（応用力学），Vol. 72, No. 2, pp. 707-718, 土木学会, 2017.1)

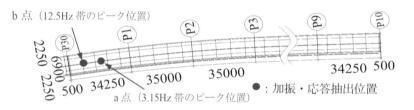

（a）周波数応答解析の加振・応答抽出位置（単位 [mm]）

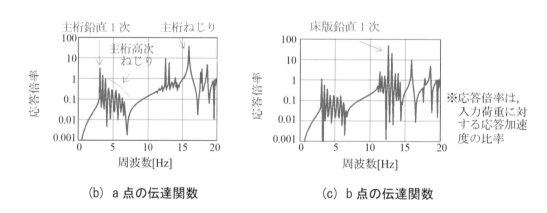

（b）a 点の伝達関数　　　（c）b 点の伝達関数

図-3.2.3　周波数応答解析による卓越周波数[1]

（出典：大竹省吾，中村一史，長船寿一，岩吹啓史，鳥部智之，平栗昌明：道路橋の交通振動の疑似応答解析を用いた
応答加速度の推定方法に関する研究，土木学会論文集 A2（応用力学），Vol. 72, No. 2, pp. 707-718, 土木学会, 2017.1)

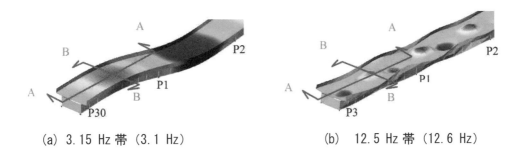

(a)　3.15 Hz 帯（3.1 Hz）　　　　　　　　(b)　12.5 Hz 帯（12.6 Hz）

図-3.2.4　固有振動モード図 [1]

（出典：大竹省吾，中村一史，長船寿一，岩吹啓史，鳥部智之，平栗昌明：道路橋の交通振動の疑似応答解析を用いた
応答加速度の推定方法に関する研究，土木学会論文集 A2（応用力学），Vol. 72, No. 2, pp. 707-718，土木学会，2017.1）

　路面凹凸の実測値と，そのパワースペクトルを**図-3.2.5**，**図-3.2.6** に示す．**図-3.2.6** には，空間周波数を，
車両の走行速度を 80 km/h とした場合に，車両に作用する振動に換算した周波数も示した．7 Hz～10 Hz 付近
に卓越が見られる．

　なお，モデルの妥当性は，後述の車両走行解析と実測との対比において卓越周波数に対する応答の対比に
より確認している．

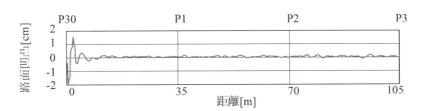

図-3.2.5　路面凹凸波形 [1]

（出典：大竹省吾，中村一史，長船寿一，岩吹啓史，鳥部智之，平栗昌明：道路橋の交通振動の疑似応答解析を用いた
応答加速度の推定方法に関する研究，土木学会論文集 A2（応用力学），Vol. 72, No. 2, pp. 707-718，土木学会，2017.1）

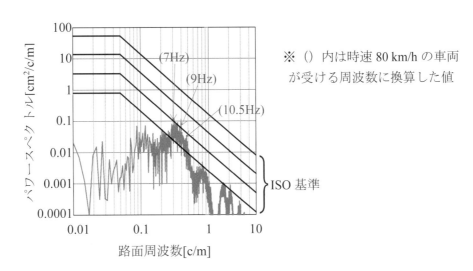

図-3.2.6　路面凹凸の空間周波数 [1]を一部修正

（出典：大竹省吾，中村一史，長船寿一，岩吹啓史，鳥部智之，平栗昌明：道路橋の交通振動の疑似応答解析を用いた
応答加速度の推定方法に関する研究，土木学会論文集 A2（応用力学），Vol. 72, No. 2, pp. 707-718，土木学会，2017.1）

3.2.5　車両のモデル化と車両からの外力の算定

　車両モデルは，**図-3.2.7**に示す2軸4自由度系モデルとした．また，モデルの諸元は**表-3.2.2**の通りである．車両の振動モードを**図-3.2.8**に示す．3 Hz付近が主に車両本体，12〜12.5 Hz付近が主にタイヤの特性に起因した振動と考えられる．

　動的相互作用解析では，上記車両モデルを用い，専用プログラム（DYNA-VC：伊藤忠テクノソリューション株式会社）を用い，走行車線を時速80 km/hで走行させて，車両から橋梁に作用する外力の算定を行った．疑似応答解析では，本来は試験車両の車軸の振動加速度の実測値より外力を算定するが，ここでは，動的相互作用解析と考慮する外力成分が異なる影響のみを明確にするため，動的相互作用解析の車軸の振動加速度より車両からの疑似的な外力を算定した．詳しい算定方法は既往の研究 [1]を参照されたい．算定した疑似的な外力と動的相互作用解析の外力とを対比して**図-3.2.9**に示す．また，外力のフーリエスペクトルを**図-3.2.10**に示す．**図-3.2.10**より，疑似的な外力は，車両の卓越周波数(1.5 Hz, 2.9 Hz, 12.1〜12.5 Hz)では，動的相互作用解析と同等であり，それ以外では，大小差異が見られる．これは，3.1.2項で記述したとおり，橋梁への外力として車軸と車軸位置の路面（路面凹凸＋橋梁振動）の相対値を用いるか，車軸の値を用いるかの違いであり，この結果，疑似応答解析は，車両に複数存在する各卓越周波数よりも小さい周波数では応答を大き目に評価し，逆に高い周波数では応答を小さ目に評価することとなる．この現象が発生する要因については既往の研究 [1]を参照されたい．

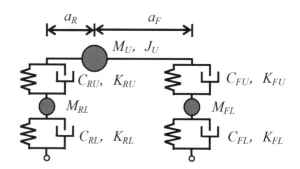

$$a_R \quad a_F$$
$$M_U,\ J_U$$
$$C_{RU},\ K_{RU} \qquad C_{FU},\ K_{FU}$$
$$M_{RL} \qquad M_{FL}$$
$$C_{RL},\ K_{RL} \qquad C_{FL},\ K_{FL}$$

図-3.2.7　試験車両のモデル図 [1]を一部修正

（出典：大竹省吾，中村一史，長船寿一，岩吹啓史，鳥部智之，平栗昌明：道路橋の交通振動の疑似応答解析を用いた応答加速度の推定方法に関する研究，土木学会論文集 A2（応用力学），Vol. 72, No. 2, pp. 707-718，土木学会，2017.1）

表-3.2.2　車両モデルの諸元 [1]

（出典：大竹省吾，中村一史，長船寿一，岩吹啓史，鳥部智之，平栗昌明：道路橋の交通振動の疑似応答解析を用いた応答加速度の推定方法に関する研究，土木学会論文集 A2（応用力学），Vol. 72, No. 2, pp. 707-718，土木学会，2017.1）

部位	ばね定数 [kN/m]	減衰定数 [kN·sec/m]	軸重 [kN]	上部重量 [kN]
前輪ばね上部	$K_{FU} = 1470$	$C_{FU} = 5.88$	$M_{FL} = 14.3$ ($a_F = 4.66$ m)	$M_U = 194$ ($J_U = 4180$ kN·m)
前輪ばね下部	$K_{FL} = 6860$	$C_{FL} = 19.6$		
後輪ばね上部	$K_{RU} = 9020$	$C_{RU} = 31.4$	$M_{RL} = 37.2$ ($a_R = 1.72$ m)	
後輪ばね下部	$K_{RL} = 13700$	$C_{RL} = 39.2$		

モード 次数	1	2	3	4
周波数 [Hz]	1.5	2.9	12.1	12.5
周期 [sec]	0.65	0.35	0.08	0.08
鉛直方向 有効 質量比	0.02	0.89	0.03	0.06

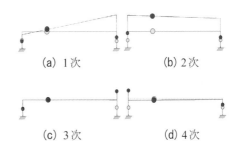

(a) 1次　　　　　　(b) 2次

(c) 3次　　　　　　(d) 4次

図-3.2.8　試験車両の卓越周波数 [1]

(出典：大竹省吾，中村一史，長船寿一，岩吹啓史，鳥部智之，平栗昌明：道路橋の交通振動の疑似応答解析を用いた
応答加速度の推定方法に関する研究，土木学会論文集 A2（応用力学），Vol. 72, No. 2, pp. 707-718, 土木学会, 2017.1)

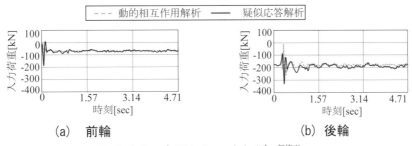

(a)　前輪　　　　　　　　　　　　　　　(b)　後輪

図-3.2.9　車両からの外力 [1]を一部修正

(出典：大竹省吾，中村一史，長船寿一，岩吹啓史，鳥部智之，平栗昌明：道路橋の交通振動の疑似応答解析を用いた
応答加速度の推定方法に関する研究，土木学会論文集 A2（応用力学），Vol. 72, No. 2, pp. 707-718, 土木学会, 2017.1)

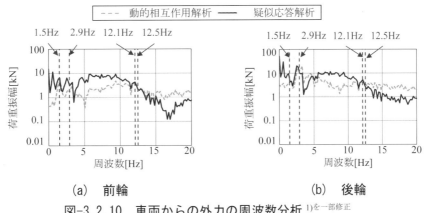

(a)　前輪　　　　　　　　　　　　　　　(b)　後輪

図-3.2.10　車両からの外力の周波数分析 [1]を一部修正

(出典：大竹省吾，中村一史，長船寿一，岩吹啓史，鳥部智之，平栗昌明：道路橋の交通振動の疑似応答解析を用いた
応答加速度の推定方法に関する研究，土木学会論文集 A2（応用力学），Vol. 72, No. 2, pp. 707-718, 土木学会, 2017.1)

3.2.6　橋梁の振動解析結果

　対象橋梁に対して動的相互作用解析と疑似応答解析を実施し両解析の結果を比較した．解析には，両解析
ともに SoilPlus（伊藤忠テクノソリューション株式会社）を用い，積分間隔 0.005 秒の直接積分とした．ここ
で，動的相互作用解析においても SoilPlus を用いたのは，解析プログラムによる応答の相違の影響を除くた
めであり，DYNA-VC で算定した車両と橋梁の応答より路面に対する相対値を算定し外力としている．両解
析の外力は前掲の**図-3.2.9** に示したとおりであり，この外力を時速 80 km/h で**図-3.2.11** に示す走行車線上
に移動荷重として作用させた．

　両解析の応答値の比較は**図-3.2.11** の地点で行った．a 点は橋軸方向の鉛直 1 次モードである 3.15 Hz 帯の
振動モードのピーク位置，b 点は床版の橋軸直角方向の鉛直 1 次モードである 12.5 Hz 帯の振動モードのピー

ク位置である．加速度波形のフーリエスペクトルを**図-3.2.12**に示す．これより，疑似応答解析手法はa点において 3.15 Hz 帯の振幅の再現ができており，b点において 12.5 Hz 帯の振幅の再現ができている．卓越周波数の 1/3 オクターブバンドフィルター波形を**図-3.2.13**に示す．これより，卓越周波数帯の橋梁の応答波形形状の近似も可能であることが確認できた．

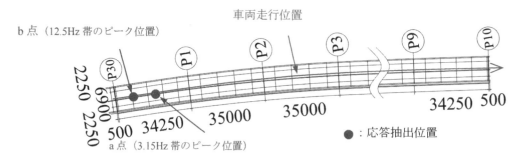

図-3.2.11 車両走行位置と橋梁振動の比較位置（単位 [mm]）[1)を一部修正]

（出典：大竹省吾，中村一史，長船寿一，岩吹啓史，鳥部智之，平栗昌明：道路橋の交通振動の疑似応答解析を用いた応答加速度の推定方法に関する研究，土木学会論文集 A2（応用力学），Vol. 72, No. 2, pp. 707-718, 土木学会, 2017.1）

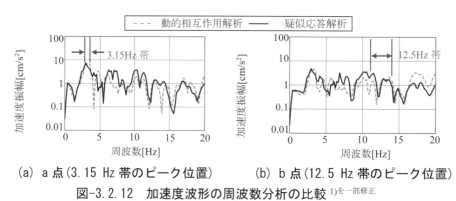

(a) a 点（3.15 Hz 帯のピーク位置）　　(b) b 点（12.5 Hz 帯のピーク位置）

図-3.2.12 加速度波形の周波数分析の比較 [1)を一部修正]

（出典：大竹省吾，中村一史，長船寿一，岩吹啓史，鳥部智之，平栗昌明：道路橋の交通振動の疑似応答解析を用いた応答加速度の推定方法に関する研究，土木学会論文集 A2（応用力学），Vol. 72, No. 2, pp. 707-718, 土木学会, 2017.1）

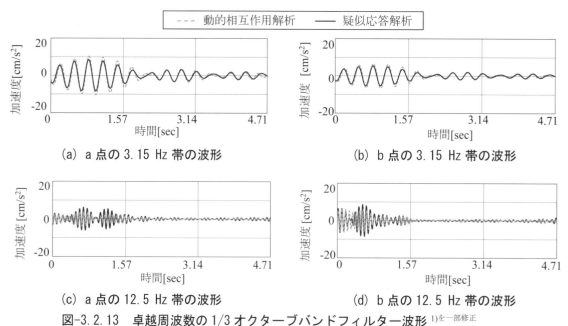

(a) a 点の 3.15 Hz 帯の波形　　(b) b 点の 3.15 Hz 帯の波形

(c) a 点の 12.5 Hz 帯の波形　　(d) b 点の 12.5 Hz 帯の波形

図-3.2.13 卓越周波数の 1/3 オクターブバンドフィルター波形 [1)を一部修正]

（出典：大竹省吾，中村一史，長船寿一，岩吹啓史，鳥部智之，平栗昌明：道路橋の交通振動の疑似応答解析を用いた応答加速度の推定方法に関する研究，土木学会論文集 A2（応用力学），Vol. 72, No. 2, pp. 707-718, 土木学会, 2017.1）

3.2.7　橋梁の実測値との比較

　前項までの検討は，疑似応答解析の精度を把握するため，動的相互作用解析より算定される車軸の振動を用いて疑似応答解析を行い，両解析の結果を対比した．ここでは，疑似応答解析の通常の使用方法として，試験車走行時の車軸の実測値を用いた疑似応答解析を，試験車走行時の橋梁の実測値と対比した．また，動的相互作用解析との比較も行った（**図-3.2.14(d)～(g)**）．応答値の比較箇所は，苦情原因となる周波数帯のピーク位置あるいは，その近傍で実測値のある箇所（**図-3.2.14(c)**）とした．比較項目は，加速度波形のフーリエスペクトルと1/3オクターブバンドフィルター波形とした．また，橋梁に作用する外力の比較として，車軸の加速度の実測値を積分した疑似応答解析で用いる速度と変位および，動的相互作用解析における車軸の加速度と速度と変位を**図-3.2.14(a)**，(b)に示した．ここで，車軸の実測値の積分には積分誤差を回避するため0.1 Hz以下をカットするハイパスフィルターを用いた．

　この結果，疑似応答解析は，苦情原因となる周波数帯である，3.15 Hz帯，12.5 Hz帯のピーク周波数は概ね一致した．また，フィルター波形は，3.15 Hz帯では車両が橋梁上を通過する間振幅の変化はあるものの継続して振動し，12.5 Hz帯ではジョイント部の路面凹凸の変化が大きい場合，ジョイント通過直後に大きく励起された振動が加わるという橋梁振動の特徴[4]を再現できている．ここで，12.5 Hz帯の応答は，実測値のある主桁位置の値であり，床版中央の値は解析値に基づくと2倍程度となる．さらに，動的相互作用解析と比較した場合でも，遜色ないことが確認できた．ただし，その他の周波数では，フーリエ振幅の再現性が低い周波数帯があることが確認された．この要因としては，考慮する外力成分の違いに加え，橋梁のモデル化における誤差等が考えられるが，ピークが現れる周波数は概ね再現できていることから，対策効果の推定の用途では，実用に耐え得ると考えられる．なお，動的相互作用解析の方が再現性の低い周波数帯が確認された．この要因は，動的相互作用解析では，車両の応答を実態と整合させる必要があるが，路面凹凸や卓越周波数の再現等が難しく，**図-3.2.14(a)**，(b)に示すとおり車両の応答を走行実態と整合させることは容易でないためと考えられる．

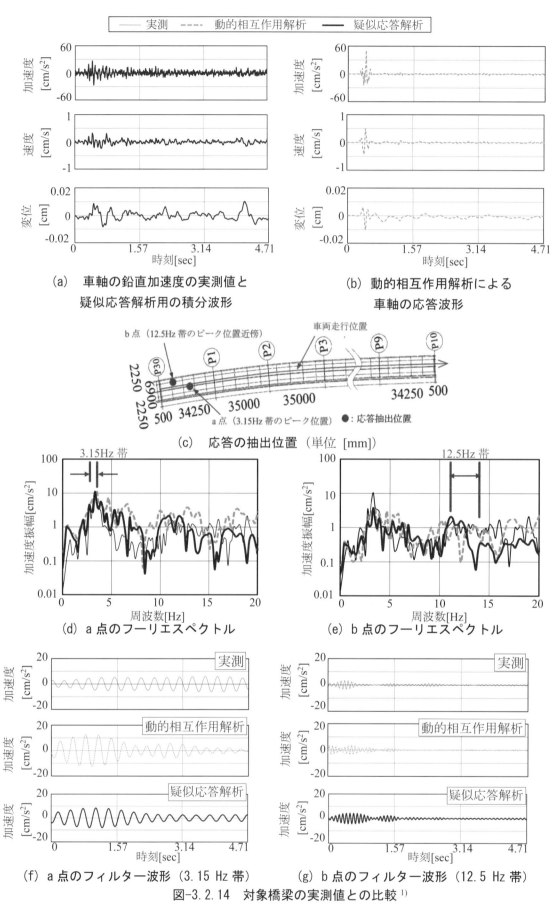

図-3.2.14　対象橋梁の実測値との比較[1]

（出典：大竹省吾，中村一史，長船寿一，岩吹啓史，鳥部智之，平栗昌明：道路橋の交通振動の疑似応答解析を用いた応答加速度の推定方法に関する研究，土木学会論文集A2（応用力学），Vol. 72, No. 2, pp. 707-718, 土木学会, 2017.1)

3.2.8　対策工の効果の推定精度

　実務における両走行解析の主な用途は，低周波音対策等の対策効果の推定である．そこで，対策構造として「3.15～5 Hz 帯」と「10～20 Hz 帯」に TMD[6]を設けた場合の疑似応答解析の対策効果を動的相互作用解析による対策効果と比較した．「3.15～5 Hz 帯」用対策はスパン中央，「10～20 Hz 帯」対策はスパンの1/4点の床版スパン中央のピークに効果のある位置とした（**図-3.2.15**）．床版の変形を抑制する縦桁増設も併用した．TMD，縦桁の諸元はそれぞれ**表-3.2.3**のとおりである．

　ここで，疑似応答解析の外力は，両橋梁とも対策後も対策前と同じ**図-3.2.9**のままである．また，解析プログラムは SoilPlus である．一方，動的相互作用解析は，対策工による車両振動の変化を考慮するため，対策前後とも専用プログラム DYNA-VC を用い，路面凹凸を配した橋梁モデル上に車両を走行させて行った．

　対策効果の比として，対策工設置位置の橋梁振動の低減効果を**図-3.2.16**に示す．これより，両解析手法において推定される対策効果は同等であることが確認された．

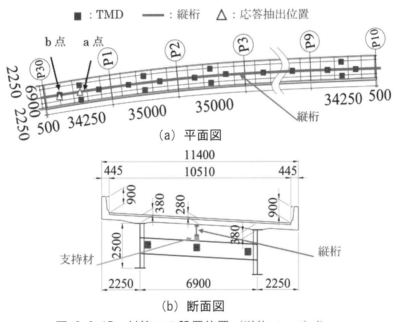

図-3.2.15　対策工の設置位置（単位 [mm]）[1]

（出典：大竹省吾，中村一史，長船寿一，岩吹啓史，鳥部智之，平栗昌明：道路橋の交通振動の疑似応答解析を用いた応答加速度の推定方法に関する研究，土木学会論文集 A2（応用力学），Vol. 72, No. 2, pp. 707-718, 土木学会, 2017.1）

表-3.2.3　対策工の諸元 [1]を一部修正

（出典：大竹省吾，中村一史，長船寿一，岩吹啓史，鳥部智之，平栗昌明：道路橋の交通振動の疑似応答解析を用いた応答加速度の推定方法に関する研究，土木学会論文集 A2（応用力学），Vol. 72, No. 2, pp. 707-718, 土木学会, 2017.1）

対象周波数帯	対策工	対策工の仕様
3.15Hz 帯	TMD	数量：2[個/スパン]／重量：103[kN/箇所]／ばね定数：3460[kN/m]
12.5Hz 帯	TMD	数量：2[個/スパン]／重量：103[kN/箇所]／ばね定数：53910[kN/m]
共通	縦桁増設	材料：SM490／縦桁断面：H600×300×14×28／支持材断面：H200×200×8×12

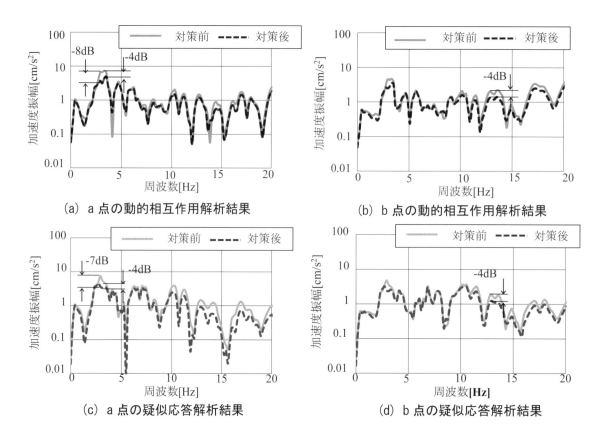

（a）a 点の動的相互作用解析結果　　　　（b）b 点の動的相互作用解析結果

（c）a 点の疑似応答解析結果　　　　（d）b 点の疑似応答解析結果

図 3.2.16　対策効果の推定 [1]

（出典：大竹省吾，中村一史，長船寿一，岩吹啓史，鳥部智之，平栗昌明：道路橋の交通振動の疑似応答解析を用いた応答加速度の推定方法に関する研究，土木学会論文集 A2（応用力学），Vol. 72, No. 2, pp. 707-718, 土木学会, 2017.1）

3.2.9　まとめ

　合理化構造の鈑桁橋に対して動的応答解析と疑似応答解析の両解析手法を適用し，低周波音苦情の内，物的苦情の原因となることが多い，「3.15〜5 Hz 帯」と「10〜20 Hz 帯」の振動に着目し，車両からの外力と橋梁の振動加速度を比較することで疑似応答解析の応答結果の特徴を確認した．その結果，以下のことが明らかとなった．

(1) 疑似応答解析は，車両と橋梁が共振する「3.15〜5 Hz 帯」と「10〜20 Hz 帯」のピーク周波数帯において動的相互作用解析と同等のスペクトル形状と波形形状を持つ加速度応答を算定できることから，低周波音対策の効果の推定において動的相互作用解析と同等の結果が得られる．

(2) 疑似応答解析は，上記以外の周波数においては動的相互解析と応答が大小異なるが，ピークが現れる周波数は概ね同一である．

(3) 疑似応答解析は，「3.15〜5 Hz 帯」と「10〜20 Hz 帯」のピーク周波数帯において，実測値の振幅と波形形状を概ね再現できることが確かめられた．これは，車両からの外力に実測値を用いることで，誤差を生じやすい車両の応答解析が不要となったことが解析精度の向上につながったと考えられる．

(4) 疑似応答解析は，対策効果の推定において動的相互作用解析と同等の推定値が得られることが確認された．

　以上のとおり，疑似応答解析は，苦情対策の検討において動的相互作用解析と同等の効果が得られることから，橋梁の構造系を大幅に変えたり，路面改修効果を推定したりする場合以外は，対策効果の推定において実用的と考えられる．

第3章の参考文献

1) 大竹省吾，中村一史，長船寿一，岩吹啓史，鳥部智之，平栗昌明：道路橋の交通振動の疑似応答解析を用いた応答加速度の推定方法に関する研究，土木学会論文集 A2（応用力学），Vol. 72, No. 2, pp. 707-718, 土木学会, 2016

2) 村井逸朗，竹田和信，大西博文，上坂克巳，那須猛士，石渡俊吾：道路橋から発生する低周波音の実態と予測方法，日本音響学会　騒音・振動研究会資料，資料番号 N-99-34, 日本音響学会, 1999.5

3) 環境省環境管理局大気生活環境室：低周波音問題対応のための「評価指針」，低周波音問題対応の手引書，p.1, 2004.6

4) 大竹省吾，中村一史，長船寿一，岩吹啓史，鳥部智之，平栗昌明：鋼鈑桁橋の橋梁振動に伴う低周波音の発生部位とその要因に関する研究，土木学会論文集 A1（構造・地震工学），Vol.74, No.2, pp.186-201, 土木学会, 2018.5

5) 深田幸史，室井智文，樅山好幸，梶川康男：路面補修前後の長期モニタリングから評価した周期性路面の橋梁に及ぼす影響，土木学会論文集 A1（構造・地震工学），Vol.67, No.1, pp.121-136, 土木学会, 2011.3

6) 村井逸朗，佐野千裕，佐藤弘史，葛西俊二，橘義規：TMD による橋梁振動および低周波音抑制効果に関する実橋実験，土木学会橋梁振動コロキウム'01 論文集, pp.141-146, 土木学会, 2001.10

第4章　解析による橋梁から放射される低周波音の予測

4.1　はじめに

　低周波音は 20 Hz 以下の人間の非可聴域の周波数を含むため[1]，一般的な騒音の"うるささ"のみでなく，個人差のある心理的・生理的影響が大きく関連することから，環境騒音対策が遅れているのが現状である．このため，定量的に評価し規制することは非常に困難であり，我が国では苦情申し出があった実績ベースの目安値[2]はあるものの，未だ統一的な規定値は定められていない．現段階では事例毎に個々に測定・解析・対策を繰り返し，その事例の積み重ねから判断していくしかないのが現状である．

　鋼橋周辺における低周波音に対する予測手法として，交通振動解析から空気振動の伝搬解析までを一括解析できる手法はまだ提案されていない状況であり，車両−橋梁連成系の振動解析と橋梁各部位の交通振動による橋梁周辺の空気振動の伝搬解析を分けて行うことが現実的な方策と考えられる．

　一方で従来低周波音解析結果は，時間軸とは無関係に周波数領域で整理されることが一般的であった．周波数領域での整理は，低周波音による影響を及ぼす周波数領域を把握するために構成要素を読み取るという点で優れているが，交通振動の発生から低周波音の放射状況について一連の流れを時系列でイメージすることが難しかった．そこで，空間全体の音の伝搬状況を把握できる時間領域での可視化も重要である．橋梁から放射され受音点までの伝搬状況を可視化できれば，管理者や専門知識のない近隣住民への説明も容易になる．

　本章では，車両走行による橋梁振動の数値解析を行い音源での振動をシミュレーションし，その結果から境界要素法による音場解析により受音点での音圧を予測する方法について述べる．また，橋梁から放射され受音点までの伝搬状況を可視化法についても紹介する．

4.2　低周波音解析

4.2.1　はじめに

　本章では橋梁交通振動解析結果を用いた橋梁周辺の音場をシミュレーションする手法について示す．音場解析の方法は大きく幾何音響学に基づく手法，波動論に基づく手法の二つの手法に分類される[3]．幾何学的手法は主に室内音響解析で用いる方法で，特定の音源の境界面における反射を繰り返し計算によって求めることにより音線経路を求める手法である．計算量が少ないのが特徴であるが，波動性の取扱が困難で，周辺構造物の音の回折現象は近似的に取り扱わざるを得ず，また，反射面の寸法に比較し低周波音のような波長が長い場合は誤差が大きくなるなど，精度の面で問題がある．

　一方，波動論に基づく手法は，空間内の音場を表す支配方程式を与えられる境界条件の下で，音場の解析範囲や境界形状，目標とする精度を総合的に勘案し，適切な数値解析手法により状態量を解く方法である．通常音場波動解析で用いられている数値解析手法は，①差分法（Finite-Difference Method: FDM），②有限要素法（Finite Element Method: FEM），③境界要素法（Boundary Element Method: BEM）[4]がある．それぞれの手法の概説は，本編1.2を参照されたい．

　これらのうち③境界要素法[4]は，対象とする領域の問題から導かれる境界に関する積分方程式を導き，この境界積分方程式を有限個の境界の要素に関して離散的に数値解析を行う手法である．すなわち，対象問題が境界のみの方程式となるため，差分法や有限要素法の全領域法に比較し解くべき未知数を少なくできる．有限要素法に対する有利な点を以下に示す．

1) 領域全てではなく，境界のみを要素分割すればよい．
2) 2次元問題では境界が線，3次元問題では境界が面となることから方程式の次元数を1つ少なくできる．
3) 無限領域を扱う外部問題では，無限遠方への波動伝播問題の処理が容易．

　本章では次節に示す，球面波方程式に基づき，床版を無限バッフルに見立て半球状の点音源からの放射音を導く，より実務に取り入れやすい簡易的な方法[5]と，以上に示したような波動論的に解析を行う手法として，精度や解析容量の面で優れている境界要素法[6,7]の2手法を適用することとする.

4.2.2　球面波方程式による音場解析

　橋梁周辺への放射音は，**図-4.2.1**に示すように床版上に配置された仮想の半球状の呼吸球音源により発生するものと考える[8-11]. その際，床版を無限平面バッフルとすると，床版上の点音源による音圧 $dp(r,t)$ は，速度ポテンシャル($\phi = \phi(r,t)$)より次式により求まる[12].

$$dp(r,t) = -\rho_0 \frac{\partial d\phi}{\partial t} = i\rho_0\omega \frac{vdA}{2\pi r}\mathrm{e}^{i(\omega t - kr)} \tag{4.2.1}$$

ここで，r は点音源から受音点までの距離，ρ_0 は空気密度($11.9\,\mathrm{N/m^3}$)，ωは円振動数，k は音波の波数，dA は床版の微小要素面積であり，また v は橋梁交通振動解析により求まる速度振幅スペクトルである. ある受音点での音圧 $P(r,t)$ は，式(4.2.1)を橋面積全体で積分することで求まる(式(4.2.2)).

$$p(r,t) = \int_s dp(r,t) = \int_s i\rho_0\omega \frac{v}{2\pi r}\mathrm{e}^{i(\omega t - kr)}dA \tag{4.2.2}$$

また，音圧の実効値 $P_{rms}(r,t)$ は式(4.2.3)のように表される.

$$p_{rms}(r,t) = \sqrt{\left(\frac{1}{t}\int_0^t p(r,t)^2 dt\right)} \tag{4.2.3}$$

　さらに，この音圧の実効値 $P_{rms}(r,t)$ を式(4.2.4)に示す音圧レベル $SPL(r,t)$ に換算する.

$$SPL(r,t) = 20\log_{10}\frac{P_{rms}(r,t)}{P_0} \tag{4.2.4}$$

ここで P_0 は最小可聴値 ($2.0\times10^{-5}\,\mathrm{N/m^2}$) である.

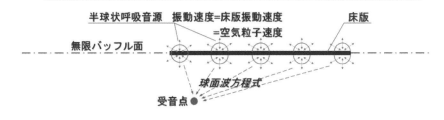

図-4.2.1 簡易法の考え方

本稿では，この音圧レベル $SPL(r,t)$ を用いて低周波音の評価を行う．

4.2.3 境界要素法を用いた音場解析手法
(1) 基礎式

空気中の小振幅の音波について，式(4.2.5)で表される D'Alembert の波動方程式が成立する．

$$\nabla^2\phi(P,t) = \frac{1}{c^2}\frac{\partial^2\phi}{\partial t^2} \tag{4.2.5}$$

ϕ が調和関数，すなわち $\phi(P,t) = \phi(P)e^{i\omega t}$ とすると，受音点 P における速度ポテンシャル $\phi(P)$ は Helmholtz 方程式の解として表される．k は波数である．

$$\nabla^2\phi(P) + k^2\phi(P) = 0 \qquad (P \in \Omega_0) \tag{4.2.6}$$

ある空間中の1点の点音源（Q）からの受音点（P）に対する寄与を表す Green 関数を $G(P,Q)$ とするとき，この $G(P,Q)$ は基本解と呼ばれ，

$$\nabla^2 G(P,Q) + k^2 G(P,Q) + \delta(Q-P) = 0 \tag{4.2.7}$$

を満足する．$\delta(Q-P)$ は Dirac のデルタ関数である．また，$|Q-P| = r$ とすると，Green 関数 $G(P,Q)$ は次式となることが知られている [13)-15)]．

$$G(P,Q) = \frac{e^{ikr}}{4\pi r} \tag{4.2.8}$$

(2) 境界積分方程式

図-4.2.2 に示すように，音源を P_s，受音点を P とし，その受音点を中心とした閉領域 Ω_0，その領域内に表面 F を有するなめらかな物体 Ω_i を考える．n は閉領域 Ω_0 への内向き法線単位ベクトルである．この領域 Ω_0 に対し Green の公式を適用すると，式(4.2.9)が得られる [13)-15)]．

$$\iiint_{\Omega_0}\left\{\phi(q)\nabla^2 G(P,q) - G(P,q)\nabla^2\phi(q)\right\}dv =$$
$$\iint_{\Sigma+\sigma_s+F}\left\{\phi(q)\frac{\partial G(P,q)}{\partial n} - \frac{\partial\phi(q)}{\partial n}G(P,q)\right\}ds \tag{4.2.9}$$

左辺の体積積分は，Helmholtz 方程式および Dirac のデルタ関数の性質より $\phi(P)$ となる．なお，P が Ω_i 内の場合には，$\delta(Q-P) = 0$ より左辺は 0 となる．

$$\iiint_{\Omega_0}\left\{\phi(q)\nabla^2 G(p,q) - G(p,q)\nabla^2\phi(q)\right\}dv =$$
$$\iiint_{\Omega_0}\left\{\phi(q)\nabla^2 G(p,q) + G(p,q)k^2\phi(q)\right\}dv = \phi(P) \tag{4.2.10}$$

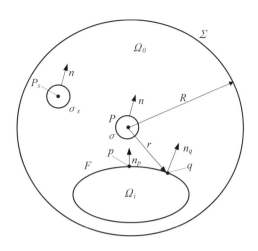

図-4.2.2　境界要素法における音波の領域 [9]

（出典：河田直樹，川谷充郎：境界要素法による道路橋交通振動に起因する低周波音の理論解析，土木学会論文集 vol.62, No.3, pp.702-712, 土木学会, 2006.9)

σ_s に対する積分は σ_s の半径 $\varepsilon \to 0$ とする極限値を考えると，直接波 $\lim_{\varepsilon \to 0}\int ds = \phi_D(P_S, P)$ となり，また境界 F，Σ 上の点では受音点 P の球 σ が領域 Ω_0 に含まれる割合がなめらかな境界を考える場合 1/2 となることから，点 P が Ω_0 内にある場合，境界上にある場合，Ω_i 内にある場合それぞれに対し式(4.2.10)は下式に書き改めることができる．

$$
\begin{aligned}
&\phi_D(P_s, P) + \iint_{\Sigma+F}\left\{\phi(q)\frac{\partial G(P,q)}{\partial n_q} - \frac{\partial \phi(q)}{\partial n_q}G(P,q)\right\}ds \\
&= \phi(P) \quad (P \in \Omega_0) \\
&= \frac{1}{2}\phi(P) \quad (P \in F, \Sigma) \\
&= 0 \quad (P \in \Omega_i)
\end{aligned}
\tag{4.2.11}
$$

　空間内の P 点を物体上の面 p に極限まで近づけた場合，式(4.2.11)から式(4.2.12)の境界積分方程式が得られる．一般に式(4.2.12)は BF (Basic Form) と呼ばれている [12],[16].

$$
\begin{aligned}
&\phi_D(P_s, p) + \iint_{\Sigma+F}\left\{\phi(q)\frac{\partial G(p,q)}{\partial n_q} - \frac{\partial \phi(q)}{\partial n_q}G(p,q)\right\}ds \\
&= \frac{1}{2}\phi(p) \quad (p \in F, \Sigma)
\end{aligned}
\tag{4.2.12}
$$

　なお，本稿での領域は橋梁から放射される音波の無限領域を扱う外部問題である．その場合領域 Ω_0 の半径 R を無限大とし，式(4.2.13)で示される Sommerfeld の放射条件 [17] を適用し，無限縁からの寄与は考えない．よって，外部問題を扱う今回の積分範囲は領域内の物体 F のみとなり，以降の領域 Σ は考えないこととする．

$$
\lim_{R \to \infty}\left[r\left\{\frac{\partial \phi}{\partial r} - ik\phi\right\}\right] = 0
\tag{4.2.13}
$$

(3) 法線微分型境界積分方程式

振動する物体からの放射音を求める場合，境界面の振動を$v = -\partial\phi/\partial n$とすれば式(4.2.12)は未知数が$\phi$のみの第2種積分方程式となり，離散化して連立1次方程式を解くことで境界面の速度ポテンシャルを知ることができる．また，得られる速度ポテンシャルから式(4.2.12)を用いて任意の空間内の速度ポテンシャルを求めることが可能である．

ただしこの方法では，波長に比較し要素の厚さが非常に薄い場合，背中合わせの要素どうしの評価において距離が非常に近くなることから，$1/r$や$1/r^2$の特異性が強くなり正確な解が得られない場合がある[12),17)]．そのような場合，以降に示す法線微分型境界積分方程式が有効であるとされ，それを応用した厚さ0の板からの放射音解析手法が考案されている．本研究では，床版や主桁など薄い部材の振動を扱うことから，この法線微分型境界積分方程式を用いる境界要素法を採用することとする．

式(4.2.12)を点pで法線方向n_pに微分すると，

$$\frac{\partial\phi_D(P_s,p)}{\partial n_p} + \iint_F \left\{ \phi(q)\frac{\partial^2 G(p,q)}{\partial n_p \partial n_q} - \frac{\partial\phi(q)}{\partial n_q}\frac{\partial G(p,q)}{\partial n_p} \right\} ds$$
$$= \frac{1}{2}\frac{\partial\phi(p)}{\partial n_p} \quad (p \in F) \tag{4.2.14}$$

となる．一般に式(4.2.14)は式(4.2.12)のBFに対し，NDF (Normal Derivative Form)と呼ばれる法線微分型境界積分方程式である．このNDFを利用して自由空間中の厚さ0の板振動による放射音場を考える．**図-4.2.3**に示す，物体表面の表面をF_1，裏面をF_1と逆向きのF_2とし，それぞれの面における速度ポテンシャル，法線方向微分をϕ_1，$\partial\phi_1/\partial n_{q1}$および$\phi_2$，$\partial\phi_2/\partial n_{q2}$とすると，式(4.2.14)から式(4.2.15)が得られる．ここで，式(4.2.15)では，F_2側の法線はF_1とは逆向きであるためF_2側の積分符号は逆向きとなること，および$n_q = n_{q1}$であることを用いている．

$$\iint_F \left[\{\phi_1(q)-\phi_2(q)\}\frac{\partial^2 G(p,q)}{\partial n_p \partial n_q} \right.$$
$$\left. -\left\{\frac{\partial\phi_1(q)}{\partial n_q}-\frac{\partial\phi_2(q)}{\partial n_q}\right\}\frac{\partial G(p,q)}{\partial n_p} \right] ds$$
$$= \frac{1}{2}\left\{\frac{\partial\phi_1(p)}{\partial n_p}+\frac{\partial\phi_2(p)}{\partial n_p}\right\} \quad (p \in F) \tag{4.2.15}$$

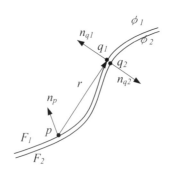

図-4.2.3 板振動による放射音場[9)]

（出典：河田直樹，川谷充郎：境界要素法による道路橋交通振動に起因する低周波音の理論解析，土木学会論文集 vol.62, No.3, pp.702-712, 土木学会, 2006.9）

同様に空間内の点における速度ポテンシャルは，式(4.2.11)より

$$\iint_F \left[\{\phi_1(q) - \phi_2(q)\} \frac{\partial G(P,q)}{\partial n_q} \right.$$

$$\left. -\left\{ \frac{\partial \phi_1(q)}{\partial n_q} - \frac{\partial \phi_2(q)}{\partial n_q} \right\} G(P,q) \right] ds \tag{4.2.16}$$

$$= \phi(P) \quad (P \in \Omega_0)$$

(4)　境界条件

振動面での音の吸収や透過を無視すれば，式(4.2.15)における $\partial\phi/\partial n$ は Neumann 条件として境界面の振動速度 $v = -\partial\phi/\partial n$ となり [5),6)]，薄板両面の速度ポテンシャルの差 $\{\phi_1(q) - \phi_2(q)\}$ はそれを未知数とする第1種積分方程式を解けば求まることになる.

ここで，薄板の両面が一体振動する場合の振動面 F の境界条件は，

$$\frac{\partial \phi_1}{\partial n} = -v, \quad \frac{\partial \phi_2}{\partial n} = -v \quad (p \in F) \tag{4.2.17}$$

となり，式(4.2.15)の積分第2項は0となることから，式(4.2.18)に書き改めることができる.

$$\iint_F \left[\{\phi_1(q) - \phi_2(q)\} \frac{\partial^2 G(p,q)}{\partial n_p \partial n_q} \right] ds$$

$$= \begin{cases} -v(p): \text{橋梁振動面} \\ \quad 0 \quad : \text{周辺構造物} \end{cases} \tag{4.2.18}$$

ここで，基本解の2階微分は下式となる.

$$\frac{\partial^2 G(p,q)}{\partial n_p \partial n_q} = \frac{\partial^2}{\partial n_p \partial n_q} \frac{\exp(ikr)}{4\pi r}$$

$$= \frac{\exp(ikr)}{4\pi r^3} \left[(1-ikr)\cos(n_q, n_p) \right. \tag{4.2.19}$$

$$\left. + \{3(ikr-1) + k^2 r^2\}\cos(r, n_q)\cos(r, n_p) \right]$$

また，空間内の任意点の速度ポテンシャルは，式(4.2.16)より式(4.2.18)の解 $\overline{\{\phi_1(q) - \phi_2(q)\}}$ を用いて，

$$\iint_F \left[\overline{\{\phi_1(q) - \phi_2(q)\}} \frac{\partial G(P,q)}{\partial n_q} \right] ds \tag{4.2.20}$$

$$= \phi(P) \quad (P \in \Omega_0)$$

から求めることができる.

⑸ 特異点の処理

式(4.2.18)の積分は$1/r^3$を含むことから非常に特異性が強くなり，$p=q$となる点では特別な処理が必要である．この処理については寺井[7]が3次元における特異積分の評価を行っており，本解析においてもその方法を引用する．

$p=q$の場合その要素縁辺に沿った下式の線積分で評価できる．なお，$R(\theta)$は要素縁までの距離である．

$$\lim_{\varepsilon \to 0} \iint \phi(q) \frac{\partial^2 G(p,q)}{\partial n_p \, \partial n_q} ds = \phi(p) \left\{ -\int \frac{\exp\{ikR(\theta)\}}{4\pi R(\theta)} d\theta + \frac{ik}{2} \right\} \tag{4.2.21}$$

⑹ 境界積分方程式の離散化

境界積分方程式をM個の平面一定要素に分割し，要素上の積分を要素中心のポテンシャルおよびその微分と要素面積の積で近似して数値的に計算する．式(4.2.18)を離散化したマトリックス形式で書くと式(4.2.22)となる．

$$\begin{bmatrix} a_{11} \, a_{12} \cdots a_{1M} \\ a_{21} \, a_{22} \cdots a_{2M} \\ \vdots \quad \vdots \quad \ddots \quad \vdots \\ a_{M1} a_{M2} \cdots a_{MM} \end{bmatrix} \begin{Bmatrix} \phi_1(q_1) - \phi_2(q_1) \\ \phi_1(q_2) - \phi_2(q_2) \\ \vdots \\ \phi_1(q_M) - \phi_2(q_M) \end{Bmatrix} = - \begin{Bmatrix} v(p_1) \\ v(p_2) \\ \vdots \\ v(p_M) \end{Bmatrix} \tag{4.2.22}$$

ここで，$a_{ij}(i \neq j)$は式(4.2.19)で表される基本解の2階微分と要素面積の積，$a_{ij}(i=j)$は式(4.2.21)の特異積分となる．このように求めた要素両面速度ポテンシャルの差より，空間内の速度ポテンシャルを以下により求める．

$$\{b_1 \quad b_2 \quad \dots \quad b_M\} \begin{Bmatrix} \overline{\phi_1(q_1) - \phi_2(q_1)} \\ \overline{\phi_1(q_2) - \phi_2(q_2)} \\ \vdots \\ \overline{\phi_1(q_M) - \phi_2(q_M)} \end{Bmatrix} = \phi(P) \tag{4.2.23}$$

$$b_q = \frac{\partial G(P,q)}{\partial n_q} = \frac{1}{4\pi r} \left(-\frac{1}{r} + ik \right) \exp(ikr)\cos(r, n_q) \tag{4.2.24}$$

4.2.4 逆フーリエ変換による過渡音解析結果

従来低周波音解析結果は，時間軸とは無関係に周波数領域で整理されることが一般的であった．周波数領域での整理は，低周波音による影響を及ぼす周波数領域を把握するために構成要素を読み取るという点で優れているが，交通振動の発生から低周波音の放射状況について一連の流れを時系列でイメージすることが難しかった．そこで，ここでは，時系列としての空間全体の音の伝搬状況をリアルタイムに把握する方法として，低周波音解析により得られる速度スペクトルを用いて，式(4.2.25)に示す基本式により橋梁周辺の音場を時間領域で表現する[18]．

$$h_i(n) = \frac{1}{N} \sum_{k=0}^{k=N-1} H_i(k) e^{j\frac{2\pi}{N}kn} \tag{4.2.25}$$

ここに，$h_i(n)$：音圧，n：離散時間番号，k：離散周波数番号，$H_i(k)$：i点の周波数応答関数，$H_i(k) = p_i(k \cdot \Delta f)$（$k = 0, 1, 2, ..., N/2$），$H_i(k) = H_i{}^*(N-k)$（$k = N/2+1, N/2+2, ..., N-1$ *は複素共役），$p_i(f)$：i点周波数fの複素音圧，Δf：計算周波数間隔，$N \cdot \Delta f$：サンプリング周波数である．

4.3　道路橋交通振動による低周波音の理論解析

4.3.1　解析モデル

(1) 橋梁モデル

　対象とする橋の一般図を**図-4.3.1**に示す．対象橋梁は，橋長 352 m，側径間長 56 m，中央径間長 60 m の鋼 6 径間連続細幅箱桁橋である．本橋は側径間長が 56 m と比較的長いことから，側径間でのたわみが生じやすい構造である．スパン音（橋梁振動により橋梁下面から放射される低周波音）による低周波音問題が生じることが懸念される 1 径間目のスパン中央あたりに集落が存在している．そのうち最も橋に近接する家屋を受音点と仮定する．受音点は，**図-4.3.1**に示すとおり，地盤面から 1.5 m，橋梁中心から横断方向に 15 m の位置とする．支承はゴム支承として線形ばねでモデル化し，二重節点として橋台および橋脚天端に付加する．ゴム支承のばね定数を**表4.3.1**に示す．

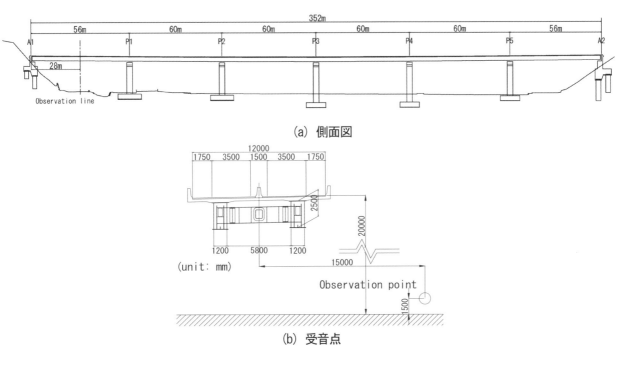

(a) 側面図

(b) 受音点

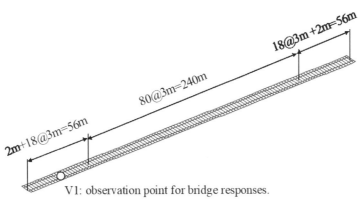

V1: observation point for bridge responses.

(c) FE モデル

図-4.3.1　対象橋梁 [19) を一部修正]

（出典：木村真也，陳 栄秀，金 哲佑，小野 和行：道路橋における交通振動に伴う低周波音伝播特性および低周波音可視化解析に関する研究，構造工学論文集，Vol.66A，pp.366-375，土木学会，2020.3）

表-4.3.1　ゴム支承のばね定数

(k：並進ばね定数，θ：回転ばね定数．x：橋軸直角方向，y：橋軸方向，z：鉛直方向．)

k_x，k_y (kN/m)	2.63E+4
k_z (kN/m)	1.00E+8
θ_x (kN·m/rad)	1.00E+8
θ_y，θ_z (kN·m/rad)	0.00E+0

(2) 走行車両モデル

　本解析に用いる走行車両は，20 tf(196 kN)トラックを想定し，図-4.3.2に示す8自由度系の三次元車両にモデル化する[20]．車両諸元を表-4.3.2に示す．走行速度は80 km/hを基本とする．

表-4.3.2　車両機械的性質

Total weight (kN)	196.0
Axle weight (kN)	Front: 49.0, Rear: 147.9
Damping ratio	Front: 0.66 , Rear: 0.33
Natural frequency (Hz)	Front (bounce) : 1.91 , Rear (bounce) : 3.2
Damping coefficient of vehicle (kN·s/m)	suspension at front axle: 11.76
	suspension at rear axle: 27.83
	tyre at front axle: 7.25
	tyre at rear axle: 29.20
Spring constant of vehicle (kN/m)	suspension at front axle: 668.36
	suspension at rear axle: 5328.3
	tyre at front axle: 2518.6
	tyre at rear axle: 10071.5

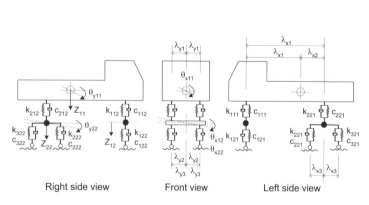

Z_{11}: bounce of vehicle body
Z_{12}: parallel hop of front axle
Z_{22}: parallel hop of rear axle
θ_{x11}: rolling of vehicle body
θ_{x12}: axle tramp of the front axle
θ_{x22}: axle tramp of rear axle
θ_{y11}: pitching of vehicle body
θ_{y22}: axle windup motion of rear axle

K_{mku}: spring constant of the vehicle
C_{mku}: damping coefficient of the vehicle
where,
k: the index to indicate the vehicle body and axle (k=1, 2 indicating the vehicle body and axle, respectively)
m: the index for the axle/tire positions (if k=1 then m=1, 2 indicating front and rear axle, respectively; if k=2 then m=1, 2, 3 indicating the tire at the front-axle, front and rear tires of the rear axle, respectively)
u: the index for indicating the left and right sides of a vehicle (u=1, 2 indicating left and right sides, respectively).

Right side view　　　Front view　　　Left side view

図-4.3.2　大型車両モデル例（8自由度モデル）

(3) 路面凹凸

対象橋梁において，式(4.3.1)に示される路面凹凸パワースペクトル密度　S_{z0}（Ω）を用いて，モンテカルロシミュレーションにより路面凹凸波形を発生させる．

$$S_{z0} = \frac{\alpha}{\Omega^n + \beta^n} \tag{4.3.1}$$

α，β，nは路面凹凸特性を決定するパラメータであり，α =0.001 (cm²/(m/c))，β =0.05 (c/m)，n =2.00 を用いる．これは，図-4.3.3 に示されている ISO 8608 の路面分類によると Class A に分類される [21].

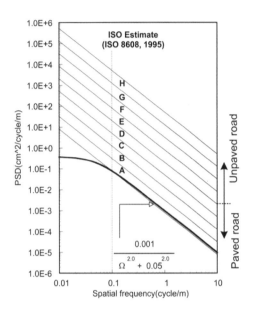

図-4.3.3 路面凹凸の PSD 曲線と　ISO8608 基準

4.3.2　固有値解析結果

図-4.3.4 に代表的な固有振動数と振動モードを示す．固有振動数 1.5 Hz 付近において各径間で半波の変形モードとなり，5 Hz 付近で1波の変形モード，7 Hz 付近でねじりモードが表れている．

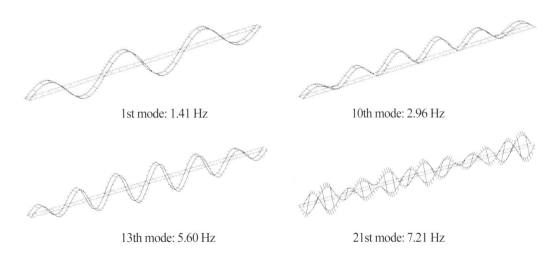

図-4.3.4 代表的固有振動数およびモード形状

4.3.3 交通振動解析

図-4.3.5にモード法による加速度応答結果および加速度応答のフーリエ振幅結果を示す．モード法による交通振動解析では，20 Hz までの橋梁モードの重ね合わせを考慮した．受音点(図-4.3.1(a)，(b)参照)における橋梁全体の応答を把握する目的から，着目点は，第1径間中央部とする．加速度応答を見ると，車両が着目点を有する1径間に進入し，着目点を通過する1.5 s 付近で最大値を示していることが分かる．加速度応答のフーリエ振幅スペクトルを見ると，卓越部分として1〜3 Hz 付近は主桁の曲げモード，3.5〜4.0 Hz 付近では車両の後軸のバウンス振動（上下振動）の影響と考えられる．

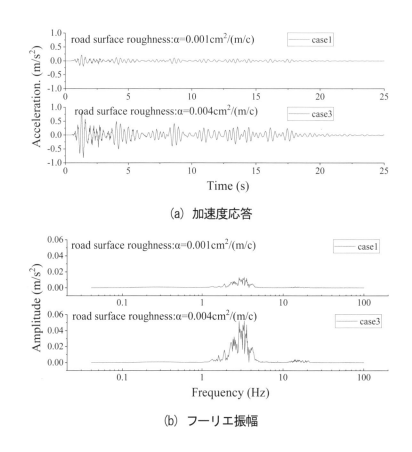

(a) 加速度応答

(b) フーリエ振幅

図-4.3.5 橋梁の交通振動とフーリエ振幅 [19]

(出典：木村真也，陳 栄秀，金 哲佑，小野 和行：道路橋における交通振動に伴う低周波音伝播特性および低周波音可視化解析に関する研究，構造工学論文集，Vol.66A，pp.366-375，土木学会，2020.3)

4.4 低周波音解析

4.4.1 解析条件

低周波音について解析的検討を行う．解析手法およびモデル化手法は，境界要素法を用いる．図-4.4.1に橋梁の第1径間の境界要素モデルを示す．入力データは，前節の交通振動解析で得た住宅地が近接する1径間目の各節点の速度応答を粒子速度とみなし，フーリエ変換した速度フーリエ振幅スペクトルを使用する．なお，速度フーリエ振幅スペクトルは，線形補間し，音源として境界要素モデルの床版中心に配置する．この際，床版と主桁は上下面一体振動するものとし，床版表面の空気粒子速度は床版振動速度と同じ条件で解析する．腹板は反射面として扱い，下フランジ面の音源は床版面の速度フーリエ振幅スペクトルの値を用いることとする．そのため，今回の解析では，局部的な振動による放射音は扱えないが，橋梁上を車両が通過する際の橋梁全体の振動性状を把握でき，主に低次のスパン音についてはその傾向を確認できると考えられる．また，地表面では鏡像法を用い，全反射すると仮定する [8),10),22)]．

　解析ケースとして，Case1：走行速度80 km/h，路面の粗さα=0.001 cm²/(m/c)，進入側A1の伸縮継手に段差がない場合，Case 2：走行速度80 km/h，路面の粗さα=0.001 cm²/(m/c)，進入側A1の伸縮継手に段差幅300 mm，段差高30 mmの段差がある場合，Case 3：走行速度80 km/h，路面の粗さα=0.004 cm²/(m/c)，進入側A1の伸縮継手に段差がない場合の3ケースについて検討を行う．

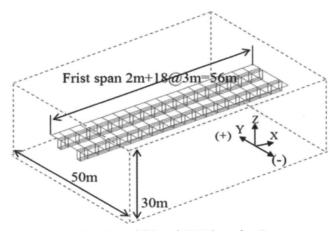

図-4.4.1　橋梁の境界要素モデル[19]

（出典：木村真也，陳 栄秀，金 哲佑，小野 和行：道路橋における交通振動に伴う低周波音伝播特性および低周波音可視化解析に関する研究，構造工学論文集，Vol.66A，pp.366-375，土木学会，2020.3）

4.4.2　1/3オクターブ分析結果

　受音点および幅員断面における1/3オクターブバンド分析結果をそれぞれ**図-4.4.2**と**図-4.4.3**に示す．ここで注意すべき点は，交通振動解析では20 Hzまでの橋梁モードの重ね合わせを考慮しており，20 Hz以上の音圧は構造物の振動とは関連がないため議論の対象としないことである．

(1)　受音点における1/3オクターブバンド分析

　図-4.4.2に路面凹凸の粗さの違いによる受音点における1/3オクターブバンド分析のG特性補正なしの低周波音解析結果を低周波音による影響評価の目安[2]とともに示す．影響評価の目安は，低周波音に対する物的苦情および心身に係る苦情に基づき整理されたものであり，領域Ⅰに含まれる場合は無害，領域Ⅱでは生理的苦痛，領域Ⅲでは物理的苦痛，領域Ⅳでは生理的，物理的苦痛の両方を伴うことを表している．

　図-4.4.2より路面が滑らかなCase 1では，全体的に音圧レベルが小さく，おおむね領域Ⅰに収まっていることから，低周波騒音による苦情の可能性は極めて低い．一方で，路面状態によって低周波音の影響が懸念されることが分かる．

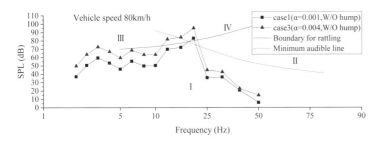

図-4.4.2　受音点における1/3オクターブバンド分析結果（路面凹凸の影響，（Case1：α = 0.001 cm²/(m/c)，
Case3：α = 0.004 cm²/(m/c)），段差なし，走行速度80 km/h，G特性補正なし）[19]を一部修正

（出典：木村真也，陳 栄秀，金 哲佑，小野 和行：道路橋における交通振動に伴う低周波音伝播特性および低周波音可視化解析に関する研究，構造工学論文集，Vol.66A，pp.366-375，土木学会，2020.3）

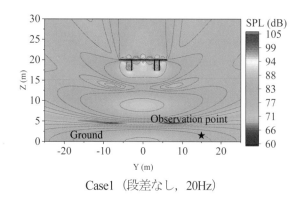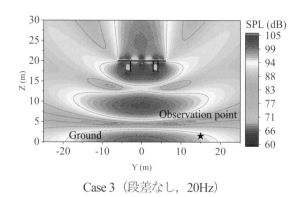

Case1（段差なし，20Hz）　　　　　　　　　　Case 3（段差なし，20Hz）

図-4.4.3　受音点における音圧レベルのコンター（路面凹凸の影響（Case1： α = 0.001 cm²/(m/c)，Case3： α = 0.004 cm²/(m/c)），段差なし，走行速度 80 km/h，G 特性補正なし）[19)を一部修正]

（出典：木村真也，陳 栄秀，金 哲佑，小野 和行：道路橋における交通振動に伴う低周波音伝播特性および低周波音可視化解析に関する研究，構造工学論文集，Vol.66A, pp. 366-375, 土木学会, 2020. 3）

(2) 幅員断面における 1/3 オクターブ分析

　音圧レベルが卓越する周波数での音圧の広がりを検討するために，受音点を含む幅員断面における音圧レベルのコンターを確認する．**図-4.4.3** に路面凹凸の粗さの違いによる音圧レベルのコンターを受音点における 1/3 オクターブバンド分析結果と一緒に示す．ここにコンター図の縦軸の単位は dB であり，幅員断面の右下に示している「★」は受音点（**図-4.3.1(b)，(c)** 参照）を示す．

　領域 IV の感覚閾値（生理的・物理的苦情）を少し上回った 20 Hz に着目すると，橋梁下方向に広く音が広がっており，特に地面付近では音源からの距離が遠くなっているにも関わらず，音圧レベルが大きくなっていることが分かる．これは，地面からの音の反射の影響だと考えられる．なお，地盤面での音は，鏡像法を用い境界面で全反射するものと仮定して計算している．

4.4.3　逆フーリエ変換による過渡音解析結果

　図-4.4.3 に示すとおり，従来低周波音解析結果は，時間軸とは無関係に周波数領域で整理されることが一般的であった．周波数領域での整理は，低周波音による影響を及ぼす周波数領域を把握するために構成要素を読み取るという点で優れているが，交通振動の発生から低周波音の放射状況について一連の流れを時系列でイメージすることが難しい．そこで，時系列としての空間全体の音の伝搬状況をリアルタイムに把握する方法として，低周波音解析により得られる速度スペクトルを用いて，式(4.2.25)に示す基本式により橋梁周辺の音場を時間領域で表現する[18)]．

　図-4.4.4 に可視化のための受音点における過渡音解析モデルを示す．また可視化の例として，車両が橋梁進入後の 1 秒時点，車両が第 1 径間スパン中央を通過する時点，車両が第 1 径間を出て P 1 橋脚を通過する時点での，低周波音の過渡音解析の空間全体での音圧レベルの可視化結果を示す．段差有無による空間全体での音圧レベルの広がりの違いを**図-4.4.5** に，路面の状態の違いによる音圧レベルの広がりの違いを**図-4.4.6** に示す．

　図-4.4.5 からは，段差通過により車両に発生する大きな接地力によって橋梁から放射される音圧レベルが高くなることが分かる．特に第 1 径間支間中央通過時点の音圧レベルの広がりを見ると，車両が段差上を通過することで，スパン長 1/4 および 3/4 から大きな低周波音が放射される結果になっている．段差通過により車両に発生する大きな接地力が曲げ 2 次モードの腹になる場所を大きく加振したことも原因の一つと考えられる．**図-4.4.6** からは，路面の状態が悪くなることで，より大きな低周波音が放射されることが分かる．以上のように，音源である橋梁から低周波音の放射の様子が可視化により容易に把握できる．また時間領域での可視化により，都市内など受音点が複数ある場合の騒音予測に有効活用できると考える．

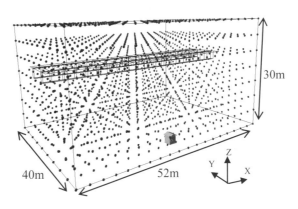

図-4.4.4 可視化のための過渡音解析モデル[19]

(出典：木村真也，陳 栄秀，金 哲佑，小野 和行：道路橋における交通振動に伴う低周波音伝播特性および低周波音可視化解析に関する研究，構造工学論文集，Vol.66A, pp.366-375, 土木学会，2020.3)

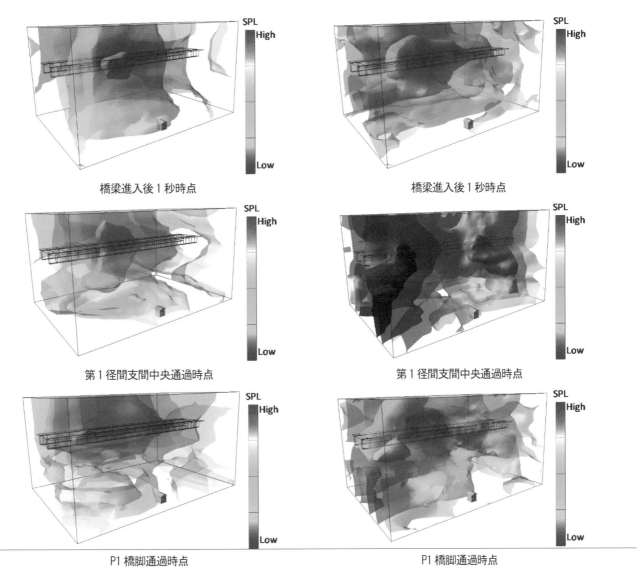

Case1（80 km/h, $\alpha = 0.001$ cm²/(m/c)，段差なし）　　　Case2（80 km/h, $\alpha = 0.001$ cm²/(m/c)，段差あり）

図-4.4.5 低周波音の過渡音解析の可視化例（段差の影響）[19]を一部修正

(出典：木村真也，陳 栄秀，金 哲佑，小野 和行：道路橋における交通振動に伴う低周波音伝播特性および低周波音可視化解析に関する研究，構造工学論文集，Vol.66A, pp.366-375, 土木学会，2020.3)

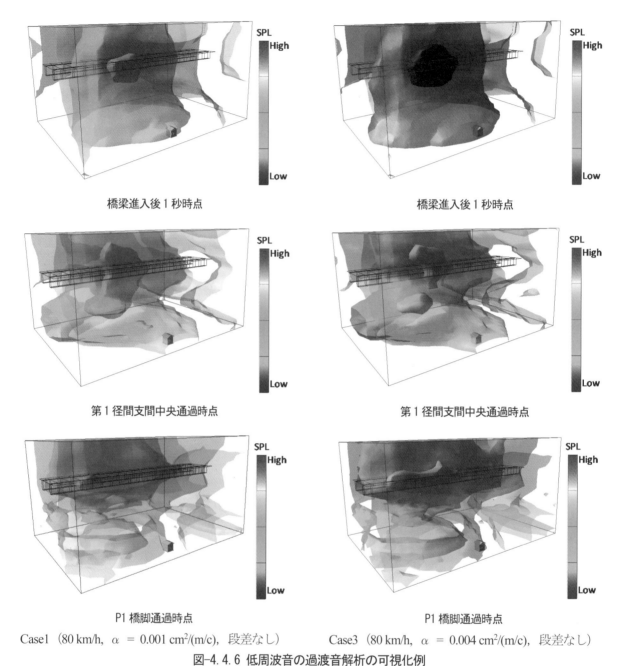

橋梁進入後1秒時点　　　　　　　　　　橋梁進入後1秒時点

第1径間支間中央通過時点　　　　　　　第1径間支間中央通過時点

P1橋脚通過時点　　　　　　　　　　　P1橋脚通過時点

Case1（80 km/h，$\alpha = 0.001$ cm²/(m/c)，段差なし）　　Case3（80 km/h，$\alpha = 0.004$ cm²/(m/c)，段差なし）

図-4.4.6 低周波音の過渡音解析の可視化例

（路面凹凸の影響，Case1は図-4.4.5と同じで比較のために再掲）[19] を一部修正

（出典：木村真也，陳 栄秀，金 哲佑，小野 和行：道路橋における交通振動に伴う低周波音伝播特性および低周波音可視化解析に関する研究，構造工学論文集，Vol.66A，pp.366-375，土木学会，2020.3）

4.5 まとめ

　中小スパン橋梁から放射される低周波音の評価・予測における解析方法について検討を行った．橋梁の交通振動解析や境界要素法による低周波音の定性的な評価および予測が可能であると考えられる．特に，低周波音の時間領域での評価と可視化により，低周波音の伝搬経路や伝搬状況を時系列で可視化したことで，関係者（施主・施工者・近隣住民）に対して，低周波音の影響を分かりやすく伝えることが可能となった．これにより，今後の低周波音に対する理解の促進に貢献できることが期待される．

第4章の参考文献

1)　ISO 7196: Frequency weighting characteristics for infrasound measurements, ISO, 1995

2)　環境省：低周波音問題対応の手引書，2004.6, http://www.env.go.jp/air/teishuha/tebiki/ (2017.8.20 閲覧)

3)　白木万博：騒音防止設計とシミュレーション, ISS 産業科学システムズ，応用技術出版, 1987.4

4)　小林昭一：波動解析と境界要素法，京都大学学術出版会, 2000.2

5)　長田晃一：境界積分方程式による放射音場の計算について（道路橋からの低周波放射音の計算例），日本音響学会騒音研究会資料 N84-12-4，日本音響学会, 1984.12

6)　長田晃一：道路橋からの低周波音放射，日本音響学会建築音響研究会・日本建築学会環境工学委員会・音環境小委員会，建築音響研究会資料 AA87-006，日本音響学会, 1987.2

7)　寺井俊夫：音場予測のための積分方程式入門，日本音響学会　建築音響研究会資料　AA87-005，日本音響学会, 1987.2

8)　河田直樹, 川谷充郎, 金哲佑, 十名正和：道路橋交通振動に起因する低周波音の理論解析, 土木学会論文集, No.794/I-72, pp.203-212, 土木学会, 2005.7

9)　河田直樹, 川谷充郎：境界要素法による道路橋交通振動に起因する低周波音の理論解析, 土木学会論文集 A, Vol.62, No.3, pp.702-712, 土木学会, 2006.9

10)　Kawatani, M., Kim, C.W., Kawada, N. and Koga, S.: Assessment of traffic-induced low frequency noise radiated from steel box girder bridge, *Steel Structures*, Vol.8, No. 4, pp.305-314, 2008

11)　深沢泰晴, 杉山俊幸, 中原和彦, 水上浩之：車両走行時に道路橋から放射される低周波騒音の基本特性, 構造工学論文集, Vol.37A, pp.945-956, 土木学会, 1991.3

12)　Kawai, Y. and Terai, T.: The application of integral equation methods to the calculation of sound attenuation by barriers：*Applied Acoustics*, Vol.31, pp.101-117, 1990

13)　Cikawski, R.D. and Brebbia C.A.: Boundary Element Methods in Acoustics, Springer, 1991.10

14)　Brebbia, C.A. and Dominguez, J.（訳）田中正隆：詳解　境界要素法, オーム社, 1993.2

15)　Wrobel, L.C.: The Boundary Element Method, Vol.1 Application in Thermo-Fluid and Acoustics, John Wiley & Sons, 2002

16)　河井康人：境界要素法による音場解析, 関西大学工業技術研究所技術報告, 第 101 号, pp.25-33, 1999.12

17)　Sommerfeld, A.: Die Greensce Funktion der Schwin-gungsgleichung, Jahresbericht der Deutschen Mathematiker-Vereinigung, Vol.21, pp.309-353, 1912

18)　崔錫柱, 橘秀樹：有限要素法による室内音場のインパルス応答の数値計算, 日本音響学会誌, 49 巻 5 号, pp.328-333, 日本音響学会, 1993.5

19)　木村真也, 陳 栄秀, 金 哲佑, 小野 和行：道路橋における交通振動に伴う低周波音伝播特性および低周波音可視化解析に関する研究, 構造工学論文集, Vol.66A, pp.366-375, 土木学会, 2020.3

20)　Kim, C.W., Kawatani, M. and Kim, K.B.: Three-dimensional dynamic analysis for bridge-vehicle interaction with roadway roughness, *Computers and Structures*, Vol.83/19-20, pp.1627-1645, 2005

21)　ISO 8608: Mechanical vibration – Road surface profiles – Reporting of measured data, 1995

22)　Kawatani, M., Kim, C.W. and Nishitani, K.: Assessment of traffic-induced low frequency sound radiated from a viaduct by field experiment, Interaction and Multiscale Mechanics Vol.3, No.4, pp.373-387, 2010

第5章　2.5 次元数値解析手法を用いた騒音予測

5.1　はじめに

　様々な構造形態をもつ道路用や鉄道用の車両側の発生源や鋼橋自体の振動による発生源から（空）気中を伝搬する騒音の振舞いを，3 次元空間の問題として解析することは，計算機の性能やメモリー等のリソースの観点から不可能なことが多いのが現状である．そのため，道路交通流や列車走行が引き起こす車両側の発生源や振動発生源を一様に長い線状振動源で，かつ同相駆動の線音源として扱うこと，即ち，対象音場の 2 次元近似が広く行われてきた．音場を 3 次元から 2 次元にすることで計算負荷は激減し，広い受音領域（2 次元空間）の騒音伝搬の計算が可能になったが，一方で 2 次元近似による影響から現実の 3 次元空間と異なる顕著な干渉が発生し，解析結果の解釈が難しい面があった．しかし，近年，3 次元空間の解析に要求される計算容量を軽減する為，2 次元解を 3 次元解に変換する手法が提案されている．

　本章では，2.5 次元数値解析手法を用いた車両騒音の予測手順を述べるとともに，防音壁の形状や高さを変えた場合の低減効果のシミュレーション結果，模型実験による検証結果について紹介する．なお，同様の 2.5 次元解析手法を用いた構造物音のシミュレーションについては文献 1)，2)で沿線実測結果との比較を含めて詳しく紹介されており，そちらを参照されたい．

5.2　車両側の発生源を対象とした 2.5 次元理論 [3]

　ここでは，鉄道の主要な騒音源である車両下部音源を対象に，時間領域有限差分法（以下，FDTD 解析という．）を用いた事例について紹介する．

　2 次元の時間領域有限差分法（2D-FDTD 解析）は，空間と時間の離散化幅 $\Delta h, \Delta t$ を用いて波動方程式を差分近似し，その差分方程式から音圧や粒子速度の時間応答波形を求める計算法である．2D-FDTD 解析から得られた時間応答波形 $p_{2D}(x,y,t)$ の積分波形 $\varphi_{2D}(x,y,t)=\int p_{2D}(x,y,\tau)d\tau$ を Fourier 変換・Laplace 変換した実・虚周波数領域の各成分 $\Phi_{2D}(x,y,k) \cdot \Phi_{2D}(x,y,jk)$（$j$:虚数）を以下の式(5.2.1)に代入することで，2D-FDTD 解析と同じ断面が連続する 3 次元音場の点音源の解 $\Phi_{2.5D}(x,y,z,k)$ が得られる（以下，2.5D-FDTD 解析という．）[3]．ただし，時間応答波形に基づく 2.5D-FDTD 解析は反射性の境界条件だけに適用可能で，吸音性の防音壁やバラスト軌道など周波数特性をもつ境界条件を含む場合には，つぎに述べる 2 次元の境界要素法（以下，2D-BEM 解析という）を用いる必要がある [4]．

$$\Phi_{2.5D}(x,y,z,k) = \frac{1}{\pi}\int_0^k \Phi_{2D}\left(x,y,\sqrt{k^2-\alpha^2}\right)cos(\alpha z)d\alpha + \frac{1}{\pi}\int_k^\infty \Phi_{2D}\left(x,y,j\sqrt{\alpha^2-k^2}\right)cos(\alpha z)d\alpha \qquad (5.2.1)$$

　周波数領域における解析手法である 2.5D-BEM 解析では，式(5.2.1)に代入する $\Phi_{2D}(x,y,k) \cdot \Phi_{2D}(x,y,jk)$ を 2D-BEM 解析から直接求める．そのため，2D-BEM では密な周波数間隔で実数及び虚数の 2 次元周波数 $k_{2D}=\sqrt{(k^2-\alpha^2)}, j\sqrt{(\alpha^2-k^2)}$ に対する解 Φ_{2D} を繰り返し計算する必要がある．なお，吸音特性（アドミッタンス β）を有する 2.5 次元音場を対象とする場合，式(5.2.2)に示すように，2D-BEM 解析では変換アドミッタンス β/k_{2D} を用いる [4]が，2D-FDTD 解析では β/k_{2D} をもつ境界面を表現できないため，2.5D-FDTD 解析は吸音性の境界面をもつ場合には適用できない．

$$\Phi_{2.5D}(x,y,z,k,\beta) = \frac{1}{\pi}\int_0^\infty \Phi_{2D}(x,y,k_{2D},\beta/k_{2D})cos(\alpha z)d\alpha \qquad (5.2.2)$$

5.3　2.5次元解析による騒音予測

5.3.1　平地鉄道からの騒音伝搬解析の適用手順 [5]

　平地の在来鉄道を対象にした車両下部騒音の伝搬を 2.5-FDTD 解析及び 2.5D-BEM 解析を用いて計算した．平地軌道，列車の配置と解析対象の防音壁形状を**図-5.3.1**，**図-5.3.2** に，2 次元音場における解析領域を**図-5.3.3** に示す．軌道面や地面，列車，各防音壁の表面はすべて反射性で，列車床下と軌道面間，列車側面と防音壁間，各々の距離は 1.3 m，1.4 m に設定されている．2D-FDTD 解析では解析領域の周辺に 5 m 幅の境界吸収層を設けて 2 次元音場端部からの反射音を除去し，2D-BEM 解析では平坦地面の鏡像音源と実音源を含むグリーン関数を用いることで地面を計算対象の境界面から除外した．

　2D-FDTD 解析の時間及び空間の分解能を Δt ＝ 7.8 μs（＝ 1/128,000 Hz），Δh ＝ 8.0×10^{-3} m とし，2 次元音源にガウシャン音圧分布を与え，計算開始（$t = 0$ 秒）から 2.048 秒間の各計算点における過渡応答波形 $p_{2D}(x,y,t)$ を計算した．この過渡応答波形 $p_{2D}(x,y,t)$ を Fourier 解析や Laplace 解析して得られる周波数解を式(5.2.1)（式(5.2.2)の β ＝ 0）に代入して 2.5 次元音場における点音源解を求め，さいごに，各 1/3 オクターブ帯域の周波数成分を合成してバンドレベルとした．

　一方，2D-BEM 解析では 2 次元周波数の間隔を 2 Hz 以下とし，各周波数における 2D-BEM 解析の境界要素長を 1/8 波長以下とした [4]．2.5D-BEM 解析を 1/15 オクターブバンドの中心周波数 [6]の純音に対して行い，5 個の純音に対する結果をエネルギー平均し，2.5 次元音場の点音源解に対する 1/3 オクターブバンドレベルと見なした．

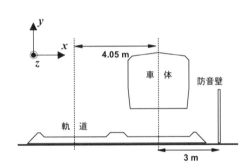

図-5.3.1　平地鉄道における軌道，車体と防音壁の幾何形状 [5]

（出典：廣江正明，石川聡史，加藤格：在来鉄道からの騒音伝搬に対する 2.5 次元解析の適用，日本音響学会　騒音・振動研究会資料，N-2015-57，日本音響学会，2015.11）

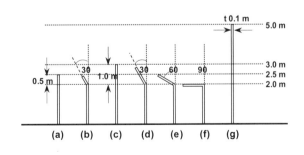

図-5.3.2　高さや形状の異なる防音壁 [5]

（出典：廣江正明，石川聡史，加藤格：在来鉄道からの騒音伝搬に対する 2.5 次元解析の適用，日本音響学会　騒音・振動研究会資料，N-2015-57，日本音響学会，2015.11）

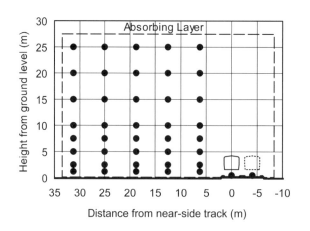

図-5.3.3 平地鉄道の音源，列車と沿線受音点の配置 [5]

（出典：廣江正明，石川聡史，加藤格：在来鉄道からの騒音伝搬に対する 2.5 次元解析の適用，日本音響学会 騒音・振動研究会資料，N-2015-57，日本音響学会，2015.11）

5.3.2 高架鉄道の騒音伝搬解析の適用手順 [7]

　高架鉄道の軌道及び列車の配置を**図-5.3.4** に，対象防音壁の断面形状を**図-5.3.5** に，高架鉄道沿線の観測点（○印：縮尺模型実験，×印：2.5D-FDTD 解析）の配置を**図-5.3.6** に示す．数値解析，模型実験のいずれの場合も，地面反射のない自由音場での高架鉄道からの車両下部騒音の伝搬問題を対象とした．軌道面，列車（120 m 長），防音壁はすべて反射性とした．片側防音壁の場合，**図-5.3.4** の遠隔側（右側）防音壁がない状況を想定し，両側防音壁の場合は近接側・遠隔側の両方とも同じ高さの防音壁を想定した．

　反射性の境界条件に対し，解析には 2 次元の時間領域有限差分法（2D-FDTD 法）を用いた．文献 8)の手順に従い，**図-5.3.6** に示す 2 次元断面を対象とした 2D-FDTD 解析を行い，2.048 秒間の過渡応答波形 $p_{2D}(x,y,t)$ を求めた．ここで，2D-FDTD 解析における時間及び空間の分解能は $\Delta t = 7.8\,\mu s$（＝1/128,000 Hz），$\Delta h = 8.0 \times 10^{-3}$ m で，解析領域周辺には 5 m 幅の境界吸収層を設けた．つぎに，2D-FDTD 解析から得られた音圧波形 $p_{2D}(x,y,t)$ の積分波形 $\int p_{2D}(x,y,\tau)d\tau$ を Fourier 変換・Laplace 変換し，その変換関数 $\Phi_{2D}(x,y,k)\cdot\Phi_{2D}(x,y,jk)$（$j$:虚数）を式(5.2.1)に代入することで任意の位置 z に対する 2.5 次元（2.5D-FDTD）解析の点音源解 $\Phi_{2.5D}(x,y,z,k)$ を求めた．最終的に，点音源の周波数応答解の群 $\Phi_{2.5D}(x,y,z,k)$を逆フーリエ変換することで任意の位置 z の点音源に対する時間応答波形を計算し，その時間波形を帯域分析することでバンド音圧レベルを求めた．

　上記の計算手順に従い，$z = 0$ m～60 m における 1 m 間隔の点音源の時間応答波形を求め，それらの帯域分析から中心周波数 2.5 kHz 以下の 1/3 オクターブバンドの音圧レベルを計算した．周波数 100 Hz～2.5 kHz 帯域に対する各点音源のバンド音圧レベルを $z \leqq \pm 60$ m の範囲を対象にエネルギー合成し，120 m 長の非干渉性線音源の数値解を求めた．さいごに，参照点（水平距離 6.25 m，レールレベル高さ 0.0 m）における数値解析結果と列車騒音の周波数特性 [8]が一致するように決定した帯域別の補正量を全解析結果に加味した後，帯域合成することで列車騒音に換算した．

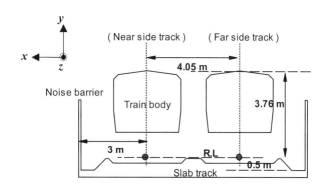

図-5.3.4　高架鉄道における軌道，車体と防音壁の幾何形状 [7]

（出典：廣江正明，石川聡史：2.5次元数値解析を用いた在来鉄道騒音の伝搬解析－高架鉄道への適用事例と模型実験に
よる検証－，日本音響学会　騒音・振動研究会資料，N-2017-21，日本音響学会，2017.6）

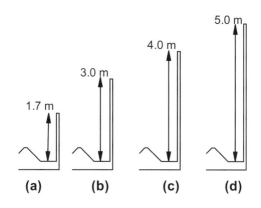

図-5.3.5　高さの異なる防音壁 [7]

（出典：廣江正明，石川聡史：2.5次元数値解析を用いた在来鉄道騒音の伝搬解析－高架鉄道への適用事例と模型実験に
よる検証－，日本音響学会　騒音・振動研究会資料，N-2017-21，日本音響学会，2017.6）

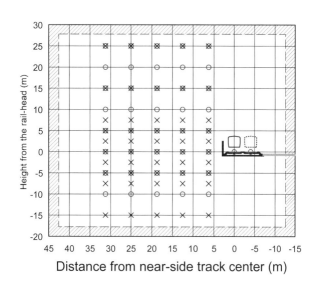

図-5.3.6　高架鉄道の音源，列車と沿線受音点の配置 [7]

（出典：廣江正明，石川聡史：2.5次元数値解析を用いた在来鉄道騒音の伝搬解析－高架鉄道への適用事例と模型実験に
よる検証－，日本音響学会　騒音・振動研究会資料，N-2017-21，日本音響学会，2017.6）

5.3.3 平地鉄道や高架鉄道を対象とした縮尺模型による検証実験 [5), 7)]

　平地鉄道を対象とした 2.5 次元解析の検証のために実施した縮尺模型実験の設置状況（写真）を図-5.3.7 に示す．模型の縮尺は 1/25 で，模型はすべて反射性のアクリル材で製作した．軌道と防音壁の模型は 160 m 長（実寸換算），車両模型は 120 m 長（実寸換算）を製作し，幅 10 m，奥行 6 m，高さ 3 m の半無響室内の平台（表面アクリル仕上げ）上に設置し，平地鉄道の条件を再現した．

　模型実験では圧縮空気を利用した模型列車と同じ長さの非干渉性線音源を使用し，車両下部で列車断面中央の位置に設置した．実験中は，測定領域で十分な SN 比（10 dB 以上）が確保できる空気圧条件を常に保持した．

　模型実験では図-5.3.3 に示す各測定点で，模型用線音源からの放射音を 10 秒間平均し，1/3 オクターブバンド音圧レベルを計測した．また，測定点ごとに計測中における実験室内の温度・湿度を記録した．

　中心周波数 2.5 kHz～63 kHz（実物換算 100 Hz～2.5 kHz）のバンド音圧レベルの計測結果に S/N 比に応じた暗騒音を補正した後，実験中の温度・湿度から求めた空気吸収による減衰量 [9)] を加算した．なお，ここでは模型用線音源を離散点音源の集合体と見なし，個々の点音源の空気吸収による減衰量を積分することで線音源全体に対する減衰量を求めた．2.5 次元解析と同様に，水平距離 $x = 6.25$ m，高さ $y = 1.2$ m での実験値が図-5.3.8 に示す列車騒音の周波数特性と一致するように定めた補正量を，全観測点の実験データに加算し，帯域合成することで列車騒音を求めた．

図-5.3.7　平地鉄道の縮尺模型実験の設置状況 [5)]

（出典：廣江正明，石川聡史，加藤格：在来鉄道からの騒音伝搬に対する 2.5 次元解析の適用，日本音響学会　騒音・振動研究会資料，N-2015-57，日本音響学会，2015.11）

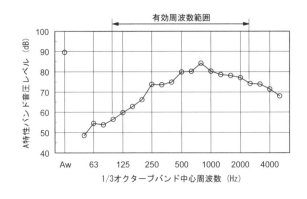

図-5.3.8　鉄道近傍で計測された車両下部音の周波数特性 [5)]

（出典：廣江正明，石川聡史，加藤格：在来鉄道からの騒音伝搬に対する 2.5 次元解析の適用，日本音響学会　騒音・振動研究会資料，N-2015-57，日本音響学会，2015.11）

　高架鉄道に関しては，**図-5.3.5**の防音壁(c)を除く3種類について縮尺模型を用いた実験を行った．模型材料はすべて反射性のアクリル材で，高架橋，軌道及び防音壁の模型は実寸換算で160m長分，列車模型は120m長分を製作し，半無響室内に設置した．自由音場を再現する為，高架橋模型を支える支柱を吸音フェルトで覆うと共に，床面上に100mm厚の繊維系吸音材を敷き詰めた．模型実験では圧縮空気を利用した非干渉性線音源を列車模型の下に設置し，実験中は線音源に供給する空気圧を常に一定に保つようにした．そして，**図-5.3.6**に示す受音点（○印）で模型用線音源の放射音を10秒間平均して1/3オクターブバンド音圧レベルを計測するとともに，計測中の実験室内の温度・湿度を記録して実験条件毎の平均温湿度を求めた．

　周波数2.5kHz〜63kHz（実物換算100Hz〜2.5kHz）のバンド音圧レベルに暗騒音補正した後，温度・湿度の平均値から求めた空気吸収による減衰量[9]を加算した．ここで，模型用線音源を無相関な離散点音源の集合体と見なし，個々の点音源の空気吸収による減衰量を積算することで線音源の放射音に対する空気吸収による減衰量を算出した．さいごに，数値解析と同様に，参照点の実験値が列車騒音の周波数特性[7]と一致するように定めた補正量を全実験結果に加味し，バンド音圧レベルを合成することで実験結果から列車騒音を算出した．

5.4　2.5次元解析結果とその精度

5.4.1　車両側の発生源からの騒音伝搬シミュレーション[5]

　ここでは，平地鉄道を対象とした2.5D-FDTD解析から求めた音圧の時間応答波形に着目し，その有効性について紹介する．

　図-5.3.3に示す解析領域内の距離$x = 25$ m，高さ$y = 5$ mの計算点で得られた音圧の時間応答波形を**図-5.4.1(a), (b)**に示す．ここで，**図-5.4.1(a)**は受音点の正面の点音源（$z = 0$ m），**図-5.4.1(b)**は受音点の正面から線路に沿って60mずれた点音源（$z = 60$ m）における応答波形で，各図の(1), (2)は壁無し条件，(3), (4)は防音壁(c)直壁3m条件（**図-5.3.2**）で，奇数番号が列車有り，偶数が列車無しでの結果を示している．

　図-5.4.1(a), (b)のうち，壁無し条件(1), (2)の時間応答波形から，正面音源から受音点までの最端距離$R = \sqrt{(x^2+y^2+z^2)}$ [m]を音速c [m/s]で除した時刻に最も大きな振幅の（直接）音が到達していることが分かる．また，列車無し条件(2)では直接音のみであるのに対し，列車有り条件(1)では直接音の到達後に約7.1ms間隔で小さな多数のパルスが到来している．これは，その到来時間の間隔の換算距離（約7.1ms→約2.4m）が列車床下と軌道面の間のほぼ倍（1.3m×2）に等しいことから，床下と軌道間の多重反射音と推定される．

　一方，(c)直壁3m条件(3), (4)では，(4)列車がない場合，最短距離で到達する非常に小さな振幅の音が複数存在するだけであるのに対し，(3)列車がある場合，小さな音波群の直後により大きな振幅をもつ音波が幾度も到来している．後者の到来音波の時間間隔約8.7ms（→伝搬距離換算3.0m）が列車側面と防音壁間の距離の2倍（1.4m×2）にほぼ等しいことから，列車と防音壁間の多重反射音と推察される．なお，列車側面で反射した音が高さ5mの受音点に到来するには，(c)直壁3mを飛び越える経路に沿って伝搬したと考えられるため，回折音（(4)の音波）と比べて多重反射音が著しく大きくなったと推察される．

　以上のように，2.5D-FDTD解析から得られる音圧の時間応答波形は，列車と防音壁間で生じる多重反射音など顕著な伝搬音の有無や到来時刻（伝搬距離）を明確にすると同時に，それぞれの伝搬音の沿線騒音に対する寄与を理解する大きな助けとなる．

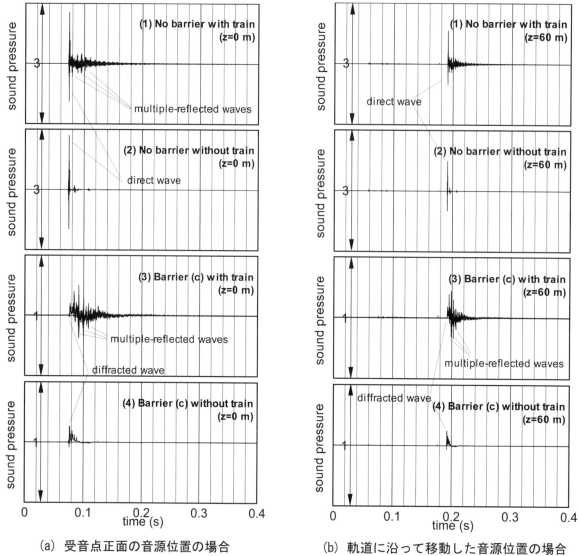

（a）受音点正面の音源位置の場合 　　　　　　（b）軌道に沿って移動した音源位置の場合

図-5.4.1　平地鉄道の縮尺模型実験の設置状況 [5]

（出典：廣江正明，石川聡史，加藤格：在来鉄道からの騒音伝搬に対する 2.5 次元解析の適用，日本音響学会 騒音・

振動研究会資料，N-2015-57，日本音響学会，2015.11）

5.4.2　車両側の発生源からの騒音伝搬シミュレーションと模型実験結果 [5],[7]

まず初めに，平地鉄道に関する 2.5 次元解析と模型実験の結果について述べる．

2.5D-FDTD 解析と模型実験，各々の結果から，壁なし条件を基準とした反射性の防音壁による列車騒音の低減効果を算出した．

(c) 直壁 3 m，(d) 傾斜型（先端 1 m を 30°傾斜させた防音壁），(f) 逆 L 型（先端 1 m を 90°傾斜させた防音壁）の近接列車に対する低減効果のコンターマップを図-5.4.2 に示す．図-5.4.2 の低減効果のコンターマップから，2.5D-FDTD 解析と模型実験はよく一致していることが分かる．戸建住宅の高さ（$y \leqq 5$ m）に限定した低減効果で防音壁を評価した場合，3 種類の防音壁の中では，(d) 傾斜型（先端 1 m を 30°傾斜させた防音壁）が最善の形状であるが，これは既報の 2 次元の解析結果 [8] とも一致する．

(c)直壁 3 m において，2.5D-FDTD 解析から求めた水平距離 $x = 25$ m，高さ $y = 1.2$ m，5.0 m での単独点音源 $z = 0$ m, 30 m, 60 m と非干渉性線音源に対する低減効果の周波数特性を図-5.4.3 に示す．単独点音源の位置が $z = 0$ m→30 m→60 m と移動する共に，低減効果のピーク・ディップの周波数が高周波数側にシフトしている．これらは干渉による周波性で，500 Hz（$z = 0$ m），630 Hz（$z = 30$ m），1 kHz（$z = 60$ m）のピーク周波数は

高さ y = 1.2 m の場合にとくに顕著であることから，直達回折音と地面反射回折音との干渉周波数と推察される．一方，非干渉性線音源の場合，これら単独点音源（z ≦ ± 60 m）の解をエネルギー合成するため，干渉に伴う顕著なピーク・ディップは打消し合い平均化される．このような理由から，非干渉性線音源と単独点音源（z = 0 m）では低減効果の周波数特性が異なるが，同様な差異が 2.5 次元解析と 2 次元解析の結果間でも生じることが知られている[4),10)]．それゆえ，車両下部音の伝搬解析に 2 次元の解析手法を用いる場合，異なる高さの複数地点を基準として参照し，2 次元解析の結果がもつ特異なピーク・ディップの周波数特性を平均化する手順[8)]は特異な干渉周波数の影響を抑制する上で有効な手段の一つであると考えられる．

2.5D-FDTD 解析と模型実験から求めた距離 x = 25 m，高さ y = 1.2 m，5.0 m，15.0 m における防音壁(c)，(d), (f)の非干渉性線音源に対する列車騒音の低減効果の周波数特性を図-5.4.4 に示す．低減効果の周波数特性に関して，2.5D-FDTD 解析と模型実験は比較的よく一致しており，2.5 次元解析は車両下部音の伝搬解析に対して非常に有用であると考えられる．

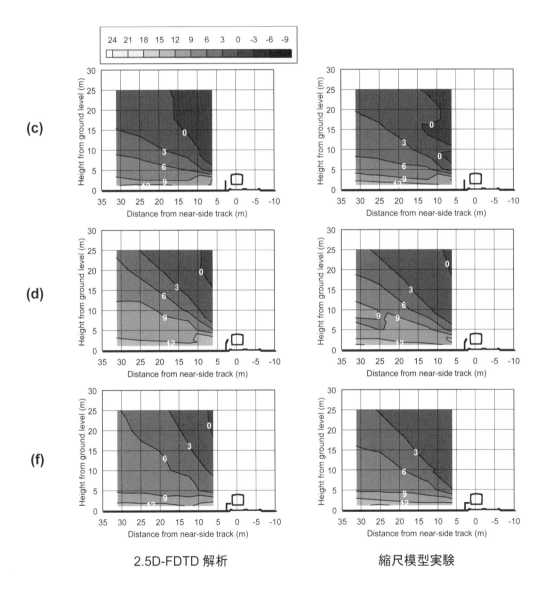

2.5D-FDTD 解析　　　　　　　　　　　縮尺模型実験

図-5.4.2　2.5D-FDTD 解析と縮尺模型実験の比較[5)]
－(a)直壁 2.5 m を基準とした防音壁(c), (d), (f)の改善効果の空間分布－

（出典：廣江正明，石川聡史，加藤格：在来鉄道からの騒音伝搬に対する 2.5 次元解析の適用，日本音響学会　騒音・振動研究会資料，N-2015-57，日本音響学会，2015.11）

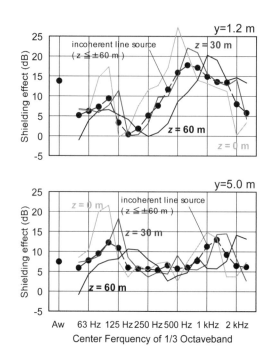

図-5.4.3　非干渉性線音源と各点音源位置に対する(c)直壁 3m の低減効果の周波数特性 [5]

−2.5D-FDTD 法による解析結果：距離 25m の受音点−

(出典：廣江正明，石川聡史，加藤格：在来鉄道からの騒音伝搬に対する 2.5 次元解析の適用，日本音響学会　騒音・振動研究会資料，N-2015-57，日本音響学会，2015.11)

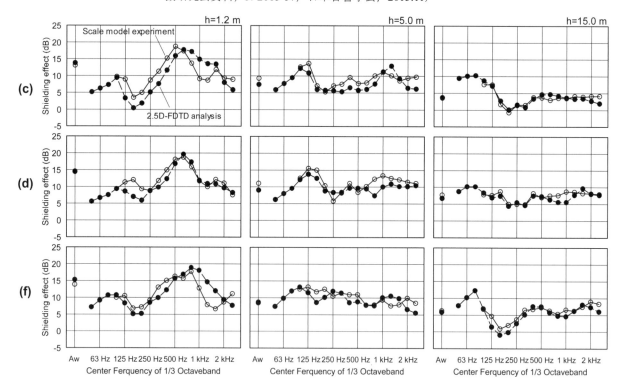

図-5.4.4　2.5D-FDTD 解析と模型実験における低減効果の周波数特性の比較 [5]

—受音点の距離 25m，受音点の高さ 1.2 m，5.0 m，15.0 m—

(出典：廣江正明，石川聡史，加藤格：在来鉄道からの騒音伝搬に対する 2.5 次元解析の適用，日本音響学会　騒音・振動研究会資料，N-2015-57，日本音響学会，2015.11)

つづいて，高架鉄道に関する2.5次元解析と模型実験の結果について述べる．

高さ3mの防音壁(b)を手前側のみに設置した場合について，低減効果の空間分布と距離$x = 12.5$ m，高さy = ±5 mの2地点における低減効果の周波数特性の2.5D-FDTD解析及び模型実験の結果を**図–5.4.5，図–5.4.6**に示す．観測点が防音壁よりも高い$y = 5$ mの観測点では，低減効果の周波数特性はほぼ平坦で，防音壁による回折音ではなく防音壁と列車間の多重反射音が大きく影響していることが伺える．一方，防音壁より低い観測点（$y = -5$ m）の低減効果は周波数に比例していて（概ね+3 dB/Octの傾斜），回折音が支配的である．周波数100 Hzと160 Hzのピーク・ディップは平地鉄道における低減効果にも現れており[5]，音源側での干渉に起因していると推察される．低減効果の空間分布及び周波数特性から，平地鉄道の騒音伝搬の解析結果[5]と同様，高架鉄道においても2.5D-FDTD解析と模型実験の結果も非常に良く一致することが確認された．

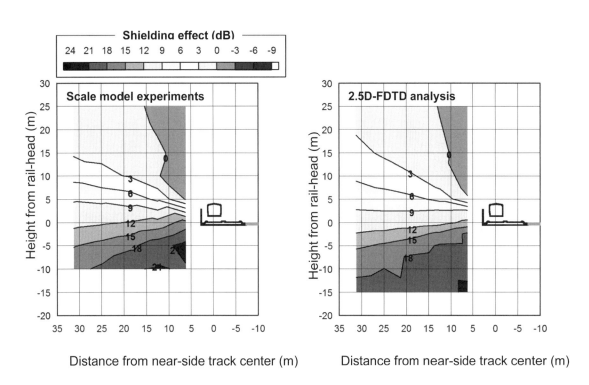

図–5.4.5　2.5D-FDTD解析と縮尺模型実験の比較[7]

－高さ3mの防音壁(b)の低減効果の空間分布－

（出典：廣江正明，石川聡史：2.5次元数値解析を用いた在来鉄道騒音の伝搬解析－高架鉄道への適用事例と模型実験による検証－，日本音響学会　騒音・振動研究会資料，N-2017-21，日本音響学会，2017.6）

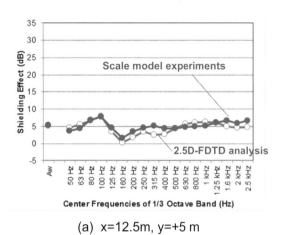
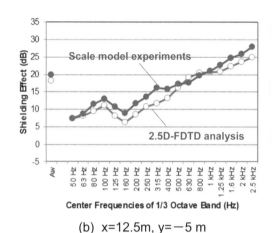

(a) x=12.5m, y=+5 m   (b) x=12.5m, y=－5 m

図-5.4.6　2.5D-FDTD 解析と縮尺模型実験の比較—防音壁の低減効果の周波数特性—[7]

（出典：廣江正明，石川聡史：2.5 次元数値解析を用いた在来鉄道騒音の伝搬解析－高架鉄道への適用事例と模型実験による検証－，日本音響学会　騒音・振動研究会資料，N-2017-21，日本音響学会，2017.6）

　防音壁を手前側（近接側防音壁）のみ設置した場合を片側防音壁とし，それを両側防音壁に変更した（遠隔側防音壁を追加設置した）場合の変化量を「両側防音壁(Both Barriers)の変動量」ΔL_{bb} と定義する．

　2.5D-FDTD 解析と縮尺模型実験の比較として，近接側列車で，(d) 高さ 5 m の防音壁に対する両側防音壁の変動量 ΔL_{bb} のコンターマップを図-5.4.7(a)に，水平距離 x=12.5 m のレールレベル高さ y＝+15 m, 0 m の 2 地点における ΔL_{bb} の周波数特性を図-5.4.7(b)に示す．図-5.4.7(a)，(b)から，遠隔側防音壁からの反射音は近接側防音壁を越えて仰角 約20°に向かって伝播し，その影響で水平距離 12.5 m のレールレベル高さ+15 m では約 8 dB，高さ+5 m では 7 dB 程度，高さ 0 dB で約 2 dB，沿線騒音が増加していることが分かる．変動量 ΔL_{bb} の分布図は，5 m の片側防音壁に比べて，遠隔側に同じ防音壁を設置することで高所空間では最大 10 dB 以上も騒音が増大することを示唆している．変動量 ΔL_{bb} のコンターマップ及び周波数特性のいずれにおいても，2.5D-FDTD 解析と縮尺模型実験はよく一致しており，平地鉄道の結果 [5]や前節の片側防音壁の結果 [7]と併せると，反射性の境界条件に限定されるが，2.5D-FDTD 解析は車両下部音の伝搬を正確に解析できる有効な計算手法であると言える．

　高さ 3 m, 5 m の防音壁(b), (d)の 2.5D-FDTD 解析について，水平距離 x＝12.5 m における片側防音壁の低減効果 Att，変動量 ΔL_{bb} を受音点（鉛直）高さ y の関数として図-5.4.8 に示す．ここで，正の低減効果 Att は騒音の減衰量，正の ΔL_{bb} は騒音の増加量をそれぞれ表していて，$Att \geqq \Delta L_{bb}$ は沿線騒音が壁無し条件より改善されること，$Att < \Delta L_{bb}$ は逆に悪化することを意味する．

　高さ 3 m の防音壁(b)の場合，十分に音源を遮蔽できない高所空間（$y \geqq 10$ m）では低減効果 Att は小さいが，同時に遠隔側防音壁からの反射音の寄与も小さい（ΔL_{bb} も最大で 1 dB 程度の）ため，結果として，高所空間における沿線騒音の改善は僅かである．一方，高さ 5 m の防音壁(d)では，高所空間（$y \geqq 10$ m）で 5～10 dB の低減効果 Att が得られているものの，遠隔側防音壁からの反射音の影響も大きい（ΔL_{bb} も 5～10 dB 程度の）ため，結果として，高所空間での沿線騒音は壁無し条件と同程度になっていると理解できる．

　これらの 2.5 次元解析の結果を纏めると，反射性の高防音壁の場合（防音壁(d)のように列車よりも高い場合），高架橋より低い受音範囲では両側に防音壁が設置された条件でも大きな改善効果が期待できるが，高所空間では近接側防音壁の低減効果と遠隔側防音壁からの反射音による増加量が拮抗し，ほとんど改善効果が得られないケースがあり得ることは明らかである．高所空間を含む広い受音範囲において，防音壁の嵩上げによる低減効果を得るには，遠隔側防音壁からの反射音対策を行う必要があると言える．

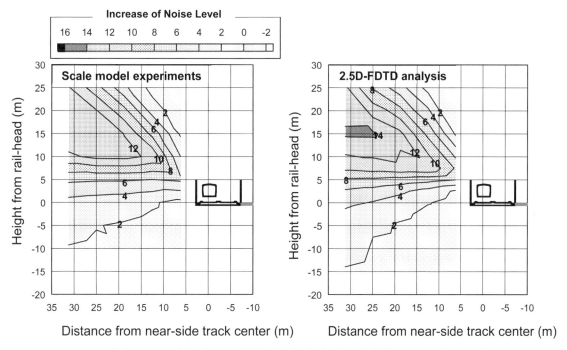

(a)　高さ 5m の防音壁(d)に対する両側防音壁の変動量 ΔL_{bb} の空間分布

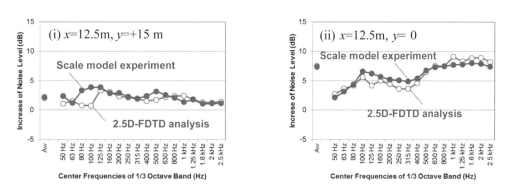

(b)　高さ 5 m の防音壁(d)に対する両側防音壁の変動量 ΔL_{bb} の周波数特性

図-5.4.7　両側防音壁の変動量 ΔL_{bb} に関する 2.5D-FDTD 解析と縮尺模型実験の比較 [7]

（出典：廣江正明，石川聡史：2.5 次元数値解析を用いた在来鉄道騒音の伝搬解析－高架鉄道への適用事例と模型実験による検証－，日本音響学会　騒音・振動研究会資料，N-2017-21，日本音響学会，2017.6）

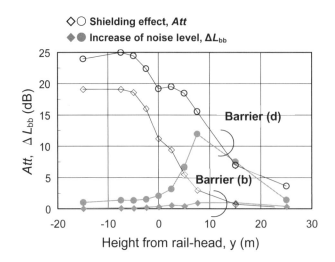

図-5.4.8　水平距離 12.5 m における受音点高さと *Att*・Δ*L*bb の関係 [7]

(出典：廣江正明，石川聡史：2.5 次元数値解析を用いた在来鉄道騒音の伝搬解析−高架鉄道への適用事例と模型実験による検証−，日本音響学会 騒音・振動研究会資料，N-2017-21，日本音響学会，2017.6)

第 5 章の参考文献

1) Li, Q., Song, X.D. and Wu, D.J.: A 2.5-dimensional method for the prediction of structure-borne low frequency noise from concrete rail transit bridges, *The Journal of the Acoustical Society of America*, Vol.135, No.5, pp.2718-2726, 2014

2) Song, X.D., Li, Q. and Wu, D.J.: Investigation of rail noise and bridge noise using a combined 3D dynamic model and 2.5D acoustic model, *Applied Acoustics*, Vol.109, pp.5-17, 2016

3) Sakamoto, S.: Calculation of sound propagation in three-dimensional field with constant cross section by Duhamel's efficient method using transient solutions obtained by finite-difference time-domain method, *Acoust. Sci. & Tech.*, Vol.30, No. 2, pp.72-82, 日本音響学会, 2009.3

4) 大久保朝直，松本敏雄，山本貢平：地上交通騒音の屋外伝搬に関する 2.5 次元境界要素解析，日本騒音制御工学会秋季研究発表会講演論文集，pp.5-8, 日本騒音制御工学会, 2013.9

5) 廣江正明，石川聡史，加藤格：在来鉄道からの騒音伝搬に対する 2.5 次元解析の適用，日本音響学会 騒音・振動研究会資料，N-2015-57, 日本音響学会, 2015.11

6) 福島昭則，藤原恭司：広帯域騒音の伝搬予測に必要な計算周波数間隔，日本音響学会 騒音・振動研究会資料，N-2002-61, 日本音響学会, 2002.11

7) 廣江正明，石川聡史：2.5 次元数値解析を用いた在来鉄道騒音の伝搬解析−高架鉄道への適用事例と模型実験による検証−，日本音響学会 騒音・振動研究会資料，N-2017-21, 日本音響学会, 2017.6

8) 石川聡史，廣江正明，佐久間哲哉：車体・遮音壁間の多重反射が遮音性能に与える影響について，日本音響学会春季研究発表会講演論文集，pp.995-998, 日本音響学会, 2015.3

9) ISO 9613-1: Acoustics — Attenuation of sound during propagation outdoors — Part 1: Calculation of the absorption of sound by the atmosphere, 1993

10) Hiroe, M., Ishikawa, S. and Yaginuma, K.: Numerical analysis on the shielding effects of several barriers against bogie noise, *Proceedings of inter-noise 2011*, pp.2694-2701, 2011

第Ⅲ編　鋼橋の各種振動・騒音対策

　これまで，振動・騒音の低減対策は様々な工法・装置等が検討・開発されており，これらについては，論文等でその内容・効果が報告されている．振動と騒音は本書第Ⅰ編で記載されているとおり，互いに関連するため，両者に関して検討することが重要である．

　鋼橋での振動・騒音対策には，発生源対策，伝播経路対策及び受振点・受音点対策に各種対策工法を分類することができる．この他に，交通量の抑制や速度制限などの交通制御するものもあるが，これらについては本編の対象外としている．また，本編は上部構造で適用できる対策を取りまとめているため，発生源対策のうち車両側対策（例えば，鉄道橋では，集電や車両の改良，車輪の整正等）及び地盤や下部工で実施する対策工法，さらに受振点・受音点対策についても対象外とした．

1）発生源対策について

　振動・騒音の発生源対策は，車両走行面での対策である「路面・軌道対策」，橋梁の上部構造（床版含む）の本体構造を改良する「構造変更」，橋梁の上部構造に追加して対策する「減衰付加」に区分している．発生源対策のうち路面・軌道対策は最初に検討される場合が多い．これは，新設時及び供用後においてもコストや施工性に有利である対策が多いためである．一方，構造変更は特に供用後では施工が難しく，大規模な交通規制等が必要となる場合もある．減衰付加については，新設時及び供用後いずれも施工ヤードが確保できれば施工は可能であるが，工法によっては材料が高価となるものもあるので，その対策効果を個別に検討等を実施した上で選定する必要がある．

2）伝播経路上対策について

　伝播経路上対策は，発生源から受振点の間に構造物等を設置する「減衰付加」が一般的な対策である．騒音での伝播経路上対策は，遮音壁等の対策が実績も多く，比較的簡易に施工も可能である．このため，路面・軌道対策に併せて検討されることが多い．一方，振動における対策は，地盤での対策が主となるため，本編においては記載していないが，対策規模が比較的に大きく，用地の制約等も生じるため，適用においては十分な検討が必要である．

　本編に記載している対策工法の一覧を次頁の表-1に示しており，対策工の対象は振動・騒音・低周波音（ここでは，低周波音を騒音と分けて扱う）とし，過去の実績からこれらの対象のいずれかを主目的として対策工法を実施している事例が多い工法を「主たる効果あり」，振動・騒音への対策効果があるものの，他の補強などの効果を主目的して実施している事例が多い工法を「効果あり」と分類して記載している．また，適用では道路橋・鉄道橋とそれぞれの対象を記載しており，両対象橋梁に実績が無いものでも適用することが可能であるものについては，対象としている．

　個別の対策事例資料では，実績のある振動・騒音対策についての概要，構造，予測手法，対策効果等を取りまとめている．対策規模等については，対策工法の対策範囲や設置数の規模を記載しており，製品等で対象橋梁に関わらず価格目安が記載できるものについては金額を記載しているので，各種対策工法の実施計画において参考にされたい．

　なお，本編は適用実績の多い対策，標準的と考えられる対策，今後適用増加が見込まれる対策等を抽出して整理しており，その評価については絶対的なものではなく，橋梁種別や車両種別・周辺状況等によっても異なるので，最終的な対策工法の選定には架橋環境，社会的影響，経済性等も含めた総合的な判断が必要である．

表-1　対策工法一覧

対策工法			効果			資料No
対策区分	対策項目	工法	振動	騒音	低周波音	
発生源対策	路面・軌道対策	路面部分補修（薄層舗装）	●	●	○	Ⅰ-1
		ノージョイント化　埋設ジョイント	●	●	○	Ⅰ-2
		低騒音舗装　ポーラスアスファルト	－	●	－	Ⅰ-3
		低騒音舗装　小粒径ポーラスアスファルト	－	●	－	Ⅰ-4
		軌道面対策　消音バラスト	－	●	－	Ⅰ-5
		軌道面対策　レール削正	●	●	－	Ⅰ-6
		軌道面対策　レールダンパー	●	●	－	Ⅰ-7
		軌道面対策　低バネ軌道パッド	●	●	－	Ⅰ-8
		軌道面対策　フローティング・ラダー軌道	●	●	－	Ⅰ-9
	上部構造　構造変更	ノージョイント化　床版連結（鉄筋重ね継手）	●	●	●	Ⅱ-1
		ノージョイント化　床版連結（鉄筋フレア溶接）	●	●	●	Ⅱ-2
		ノージョイント化　主桁連結（連続化）	●	●	●	Ⅱ-3
		延長床版　プレキャスト製品	●	●	●	Ⅱ-4
		延長床版　現場施工	●	●	●	Ⅱ-5
		支承構造変更	○	－	－	Ⅱ-6
		床版増厚	○	○	○	Ⅱ-7
		桁端部コンクリート巻立て	●	○	－	Ⅱ-8
		SRC床版	●	●	－	Ⅱ-9
	上部構造　減衰付加	動吸振器　TMD	●	－	●	Ⅲ-1
		動吸振器　MMD	●	－	●	Ⅲ-2
		センターダンパー	●	－	●	Ⅲ-3
		桁端ダンパー	●	－	●	Ⅲ-4
		運動量交換型衝撃吸収ダンパー	●	－	●	Ⅲ-5
		アクティブダンパー	●	－	●	Ⅲ-6
		制振材　拘束型磁性体	－	●	－	Ⅲ-7
		制振材　接着型	－	●	－	Ⅲ-8
		制振材　制振コンクリート	－	●	－	Ⅲ-9
伝播経路上対策	減衰付加	遮音壁　直壁・張出タイプ（道路）	－	●	－	Ⅳ-1
		遮音壁　直壁・張出タイプ（鉄道）	－	●	－	Ⅳ-2
		遮音壁　吸音板（鉄道）	－	●	－	Ⅳ-3
		遮音壁　先端分岐型（道路）	－	●	－	Ⅳ-4
		遮音壁　先端分岐型（鉄道）	－	●	－	Ⅳ-5
		遮音壁　ノイズリデューサー	－	●	－	Ⅳ-6
		上部覆工	－	●	－	Ⅳ-7
		下面遮音工	－	●	－	Ⅳ-8

効果の凡例　　●：主たる効果あり

○：効果あり

－：効果が見込めない

対策事例　整理番号：1-1

項目	内容		項目	内容
適用	道路橋・鉄道橋 ： 新設・既設		予測手法	通常、予測等は実施していない。 -判断例- 異常音を確認した場合は、伸縮装置直下の高架下において70dBを超えている場合で健全な伸縮装置に比べて10dB程度高い場合は、本補修を実施
対策区分	発生源対策 - 路面対策			
名称	路面部分補修（薄層舗装）			
概要	伸縮装置の後打ちコンクリートと舗装の硬度差、耐摩耗性の違い等で段差が発生した場合、伸縮装置や舗装の補修の必要がない場合は、樹脂系薄層舗装材にて段差修正		対策効果	伸縮装置交換や舗装打換えを行うまでの暫定的な措置とする場合が多く、本施工の対策効果計測事例はない。
構造	 段差修正材の標準形状 段差の種類及び修正方法		対策規模等	伸縮装置前後の舗装摩耗箇所の補修
			実績	多数実績あり
			備考	

参考文献　1) 首都高速道路：附属施設物設計施工要領（伸縮装置編）平成21年12月版、首都高技術、2009.12

対策事例　整理番号：1−2

項目	内容	項目	内容
適用	道路橋・鉄道橋　：　新設・既設	予測手法	・騒音・振動ともに環境影響評価等に用いる予測式では床版の影響を評価できないため、個別解析が必要。 埋設ジョイントによる影響は評価できないため、個別解析が必要。 ・騒音、振動ともに路面凹凸の影響が大きいため、この影響を適切に見込む必要がある。
対策区分	発生源対策 - 路面対策		
名称	ノージョイント化・埋設ジョイント	対策効果	・伸縮装置の段差によって生じる振動・騒音が低減される。 ・伸縮分散型では、表層の構成がジョイント前後と同一となるため、表層の連続性が保たれる。 ・伸縮吸収型では、舗装に軟質性の舗装材料を使用し、舗装の変形能によって橋梁の変位を吸収する構造のもので、厳密には舗装は連続とならない。
概要	伸縮性を有する特殊アスファルト等を使用し、橋梁の伸縮装置を埋設ジョイントとし、橋梁端部の伸縮装置で発生する振動・騒音を低減する。		
		対策規模等	桁端の幅員、橋軸方向400〜1000mm程度。 価格は各製品で異なる。
構造	埋設ジョイントの例（伸縮分散型） 　埋設ジョイントの例（伸縮吸収型）	実績	多数実績あり
		備考	・ひび割れや漏水等の恐れがあるため、耐久性が確認されているものを選定することが望ましい。

参考文献　1) 東日本高速道路, 中日本高速道路, 西日本高速道路：設計要領第二集 橋梁保全編 令和元年7月版, 2019.9

対策事例　整理番号：Ⅰ－3

項目	内容
適用	道路橋・鉄道橋 ： 新設・既設
対策区分	発生源対策‐路面対策
名称	低騒音舗装‐ポーラスアスファルト
概要	通常の密粒アスファルト混合物に比べて空隙率が高いため、車両走行音のうち1000～2000Hzの周波数特性を有するポンピング音が低減できる。
構造	（下図参照）

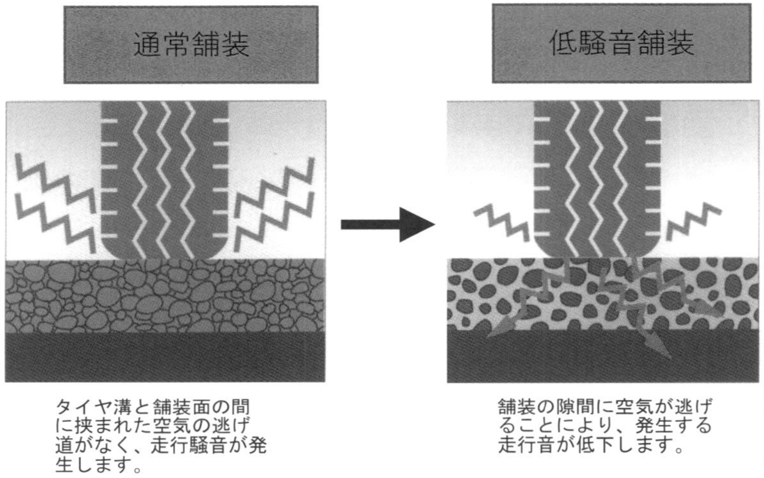

通常舗装　　低騒音舗装

タイヤ溝と舗装面の間に挟まれた空気の逃げ道がなく、走行騒音が発生します。

舗装の隙間に空気が逃げることにより、走行音が低下します。

ポーラスアスファルトの低減効果イメージ

項目	内容
予測手法	道路交通騒音の予測手法　ASJ RTN-Model で考慮 A 特性音響パワーレベル $L_{WA} = a + b \log V + C$ a：車種別に与えられる定数 b：速度依存性を表す係数 C：基準値に対する補正項 $= \Delta L_{surf} + \Delta L_{grad} + \Delta L_{dir} + \Delta L_{etc}$ ΔL_{surf}：低騒音舗装等による騒音低減に関する補正量（dB）
対策効果	・自動車のタイヤと路面の間に挟まれる空気の圧縮、膨張による音（エアポンピング音）等が低減される。 ・車両下面と路面との間で多重反射するエンジン音の一部が、ポーラスアスファルトによって吸音される。 ・一般の密粒アスファルトに比べて約3dB程度低減。
対策規模等	・減音効果は年を経るにしたがって空隙の目つぶれなどにより減少することがある。 表層のみの材料費（仕上がり厚50mmの材料費）m²当たり1500円程度
実績	多数実績あり
備考	更なる機能維持効果、騒音低減効果の向上を目指し、二層式排水性舗装も開発されている。

参考文献　1) 日本音響学会 道路交通騒音調査研究委員会：道路交通騒音の予測モデル"ASJ RTN Model2018"、日本音響学会誌、75巻4号、pp.188-250、日本音響学会、2019.4

対策事例　整理番号：1−4

項目	内容	項目	内容
適用区分	道路橋・鉄道橋 ： 新設・既設	予測手法	高機能舗装の騒音低減効果と相対比較にて評価
対策区分	発生源対策 - 路面対策		
名称	低騒音舗装−小粒径ポーラスアスファルト		

概要

損傷耐久性に優れるだけでなく、これまでの粒径が大きな混合物と比べて、通行車両のタイヤと路面から発生する騒音値の低減効果が高く、温度低下速度が緩やかで施工しやすい混合物である。

対策効果

ポーラスアスファルト混合物の粒径が小さくなると表面が滑らかとなりタイヤから発生する走行音が小さくなる。

騒音計測結果［第1分冊］[2]

表層	経過	測定場所（向速道岸等）	2/19	2/28
従来型ポーラス(13)	3ヶ月	葛西付近 東行 第1車線	98.8	99.1
	4ヶ月	新木場 両行 効 1車線		95.9
	7ヶ月	新木場 西行 第1車線		97.4
小粒径ポーラス(5)	1週間	高谷付近 東行 第1車線	94.8	94.9
	2ヶ月	両行 東行 第3車線	94.0	
	3ヶ月	高谷付近 西行 第1車線	93.6	93.7

対策規模等

舗装調査・試験法便覧［第1分冊］
S027-1T 普通タイヤによるタイヤ路面騒音測定方法
防水層、基層、アスファルト乳剤、表層
※既設の場合、規制下での施工となり、既設舗装の切削が追加

実績　多数実績あり

備考

構造

成型目地材（L型タイプ、厚 3mm×高 50mm×底 25mm）
PKM-T（0.4ℓ/㎡）
導水管（内径 15mm）
表層：小粒径ポーラスアスファルト混合物(5) 小粒径用ポリマー改質アスファルト H型
基層：密粒度アスファルト混合物(13) ポリマー改質アスファルト Ⅲ型-W
防水層（路肩側面も塗布）
コンクリート床版
標準舗装構成

従来のポーラスアスファルト混合物【キメが粗い】
小粒径ポーラスアスファルト混合物【キメが細かい】
従来のポーラスアスファルトとの表面の違い[3]

参考文献

1) 首都高速道路：舗装設計施工要領 2019年6月版、首都高技術、2019.7
2) 蔵治賢太郎、田中大介、横島健太：損傷対策型小粒径ポーラスアスファルト舗装、アスファルト第230号、pp.18-25、日本アスファルト舗装協会、2014.12
3) 道路構造物ジャーナルNET「首都高 新しい舗装設計施工要領を販売開始」, https://kozobutsu-hozen-journal.net/news/detail.php?id=77&page=0, 鋼構造出版

対策事例　整理番号：1－5

項目	内容
適用	道路橋・鉄道橋　：　新設・既設
対策区分	発生源対策－軌道対策
名称	軌道面対策－消音バラスト
概要	鉄道高架橋等において、スラブ上に消音バラスト（単粒度砕石）を散布するもの

構造

高架橋上の消音バラスト

消音バラスト

・一般に散布厚が厚いほど、吸音率は高い[1]．100mm程度は確保するのがよい。
・一般に砕石の粒径が小さいほど吸音率が高くなるが[2]、粒径が小さくなると（在来線の場合では7号砕石程度）、飛散の恐れが生じる。

項目	内容
予測手法	予測は一般に困難であるが、1dB程度の低減効果を期待できる。 ・解析事例[2]
対策効果	

近隣建物

高さ16.4m(6F相当)
高さ13.5m(5F相当)
高さ10.6m(4F相当)
高さ7.7m(3F相当)
高さ4.8m(2F相当)
高さ1.2m(1F相当)

● 音源　　▲ 騒音評価点

高架橋防音壁

9.2m　7.0m　4.0m　3.8m 4.0m 4.0m

図. 解析対象断面

表. 高さ16.4m地点の騒音レベル低減量(dB)
(吸音材を軌道全面に敷設した場合)

吸音材料	厚さ			
	50mm	100mm	200mm	300mm
バラスト	0.9	-0.1	0.8	1.0
消音バラスト	1.2	0.2	1.1	2.3

項目	内容
対策規模等	対策対象範囲の前後10～20mより散布
実績	多数実績あり
備考	

参考文献

1) 並木勇治、尾高幸一：都市内鉄道直結道床における消音バラスト実地検証・効果、日本鉄道施設協会誌、Vol.56, pp.657-659, 日本鉄道施設協会, 1997.9

2) 白神亮、石川聡史、柳沼謙一：軌道近傍騒音低減対策の高所空間における騒音低減効果に関する解析的検討、土木学会第64回年次学術講演会, Ⅳ-361, pp.719-720, 土木学会, 2009.9

対策事例　整理番号：Ⅰ－6

項目		内容
適用	道路橋・鉄道橋 ： 新設・既設	
対策区分	発生源対策 - 軌道対策	
名称	軌道面対策-レール削正	
概要	車輪とレールが振動することにより発生する転動音の低減対策の一つ。レール削正車等によりレールの頭頂頂面付近を削正し、レールの微小な凹凸を小さくすることで転動音を現象させる。	
構造	騒音発生源区別と転動音発生メカニズム[1]	

項目	内容
予測手法	予測は一般に困難であるが、1～3dB程度の低減効果を期待できる。
対策効果	レール削正　前後比較（波状摩耗除去）[2] 　削正前後の周波数分析結果（オールパス）[3]
対策規模等	レール削正車　多数実績あり
実績	
備考	

参考文献
1) 柴山大樹，伊藤彰紀，宮木貴治：レール削正による転動音対策の取組み，日本鉄道施設協会誌，Vol.56, pp.710-711，日本鉄道施設協会，2018.11
2) 横山雅人：阪神における沿線環境の取組み，日本鉄道施設協会誌，Vol.56, pp.724-727，日本鉄道施設協会，2018.11
3) 新田琢磨，城和久，朝山晋：山陽新幹線における沿線騒音に配慮した取り組み，日本鉄道施設協会誌，Vol.56, pp.712-714，日本鉄道施設協会，2018.11
4) 下野桂馬：JR四国における騒音・振動の低減に向けた取り組み，日本鉄道施設協会誌，Vol.56, pp.715-716，日本鉄道施設協会，2018.11
5) 古川敦：鉄道軌道における環境対策，建設の施工企画，Vol.696, pp.46-51，日本建設機械化協会，2008.2

対策事例　整理番号：Ⅰ－7

項目	内容	項目	内容
適用	道路橋・鉄道橋：新設・既設	予測手法	予測は一般に困難であるが、軌道より12.5m地点で転動音：2dB、構造物音：1dBの低減効果が期待できる。[2]
対策区分	発生源対策‐軌道対策		
名称	軌道面対策‐レールダンパー		
概要	レール腹部を両側から制振ゴムで挟み込む等により、レールの共振に伴い発生する振動及び個体伝播音を強制減衰させるもの。	対策効果	橋長18mの上路プレートガーダーにレールダンパーと下部覆い工を設置。図は軌道中心より12.5m位置での騒音レベル。No.1は施工前、No.2は対策工設置のための足場設置時、No.3はレールダンパー設置時、No.4はさらに下部覆い工を設置時。本事例では、レールダンパーの低減効果は約2dBであった。

概要（続き）

・文献1）より

レールダンパーA：レール底部およびウェブに設置
レールダンパーB：レール部両側にゴムを圧着固定

レールダンパー[1]

(a) レールダンパーA　　拘束層／粘弾性層／磁性固着層
(b) レールダンパーB　　ゴム層

対策効果（図）

縦軸：騒音レベル（dB）　72〜92
横軸：列車速度（km/h）　30〜50

凡例
△　1　事前足場なし
□　2　事前足場あり
○　3　レールダンパー
▲　4　レールダンパー＋下部覆い工

No	1	2	3	4
条件	事前足場なし	事前足場あり	レールダンパー	レールダンパー＋下部覆い工
構造				

騒音低減効果[2]を改変（一部抜粋）して転載

項目	内容
対策規模等	鋼桁に設置の場合は、桁全長にわたって設置する。
実績	JR在来線や私鉄で実際あり
備考	着脱可能な構造であり、取付後もレールの検査・保守が可能

参考文献
1) 北川敏樹：レールダンパーによる制振効果について、第17回鉄道技術連合技術シンポジウム、S3-1-1, pp.375-378, J-RAIL2010, 電気学会, 2010
2) 松井精一，川崎照夫：鉄桁無道床橋梁の騒音対策工試験、日本騒音制御工学会研究発表会講演論文集, pp.285-288, 日本騒音制御工学会, 2012.9
3) 古川敦：鉄道軌道における環境対策、建設の施工企画, vol.696, pp.46-51, 日本建設機械化協会, 2008.2

対策事例　整理番号：Ⅰ－8

項目		内容	項目	内容
適用区分		道路橋・鉄道橋 ： 新設・既設	予測手法	予測は一般に困難であるが、軌道より25m地点において1dB程度の騒音低減効果が期待できる[2]。
対策区分		発生源対策－軌道対策	対策効果	・騒音低減効果[2] 新幹線高架橋 軌道パッドをバネ定数 60→20MN/m に交換。敷設延長152m。 25m点の騒音レベル　12.5m点の振動レベル（オールパス）
名称		軌道面対策－低バネ定数軌道パッド		
概要		軌道のバネ定数の低下を目的に、通常よりバネ定数の低い軌道パッドを敷設するもの。騒音と振動の低減が期待できる。		
構造		板ばね　軌道パッド　レール締結装置[1] 軌道パッドは、バネ定数が60～110MN/mのものが一般的であるが、防振を目的として低バネ化したもの。最もバネ定数が小さいもので20MN/mである[1]。	対策規模等	
			実績	新幹線・在来線で実績あり
			備考	既設線でも比較的簡易に実施可能

参考文献

1) 古川敦：鉄道軌道における環境対策，建設の施工企画，Vol.696, pp.46-51, 日本建設機械化協会, 2008.2
2) 田中靖幸、高橋亮一、出穂浩、江後満喜、田淵剛：軌道パッドのばね定数低下が沿線騒音・振動に及ぼす影響，土木学会第59回年次学術講演会, 4-055, pp.109-110, 土木学会, 2004.9
3) 守田武史、田中靖幸、廣本勝昭、横山秀史、岩田直泰：低バネ定数軌道パッド敷設による地盤振動に対する影響，土木学会第60回年次学術講演会, 4-111, pp.221-222, 土木学会, 2005.9

対策事例　整理番号：Ⅰ－9

項目		内容	項目	内容
適用		道路橋・鉄道橋 ： 新設・既設	予測手法	簡易な予測手法はなし。車両、軌道、構造物の動的相互作用解析で振動を予測可能
対策区分		発生源対策 - 軌道対策	対策効果	・騒音低減効果[2] 鉄筋コンクリートラーメン高架橋上に敷設されたフローティング・ラダー軌道は、一般的なPCまくらぎ直結軌道に比べて、高架橋路盤振動加速度レベルを約21dB（オールパス）低減（測定結果）
名称		軌道面対策-フローティング・ラダー軌道		
概要		ラダーマクラギ（PC製縦梁を鋼製継手で連結したはしご状の縦まくらぎ）を、低剛性ばねの防振装置または防振材で等間隔支持してコンクリート路盤から浮かせた構造の軽量防振軌道である。		
構造		フローティング・ラダー軌道の適用例[2] フローティング・ラダー軌道には、以下の2タイプがある。 ・防振材式：ラダーマクラギを1.25m間隔で配置された防振材で鉛直支持、2.5m間隔で配置された緩衝材で水平支持 ・防振装置式：ラダーマクラギを1.56m間隔で配置された防振装置で鉛直・水平支持 		・輪荷重の線路方向への分散効果、軌道低支持ばね効果等により、車輪／レール間加振力の構造物への伝達を大幅に低減
			対策規模等	長さ約6mで桁上全長に割付。構造物境界を跨いで配置可。
			実績	新設線、既設線に適用。総延長約34kmの実績。
			備考	

PCまくら木直結軌道：111.2dB　21.1dB　フローティング・ラダー軌道（防振装置式）：90.1dB　オールパス

振動加速度レベル(dB)　周波数(Hz)

ラダー軌道　直結軌道　計測位置

参考文献
1) 日本鋼構造協会：鋼鉄道橋の低騒音化, JSSCテクニカルレポートNo.68, 日本鋼構造協会, 2005.11
2) 鉄道総合技術研究所HP：鋼鉄道橋の低騒音化HP：フローティング・ラダー軌道, https://www.rtri.or.jp/rd/division/rd50/rd5040/rd50400302.html
3) 奥田広之、浅沼潔、松本信之、涌井一：フローティング・ラダー軌道の耐荷性能と環境性能の評価、鉄道総研報告, 第17巻第9号, pp.9-14, 鉄道総合技術研究所, 2003.9

対策事例　整理番号：Ⅱ－1

項目	内容
適用区分	道路橋・鉄道橋 ： 新設・既設
対策区分	発生源対策－上部構造・構造変更
名称	床版連結（鉄筋重ね継手）
概要	床版連結工法は、隣接する床版をはつり、鉄筋同士を重ね継手あるいは溶接接継ぎ、コンクリートを打設して一体化する工法である。
構造	床版連結イメージ図[1]を改変（一部修正）して転載 （図中ラベル：アスファルト舗装、連結コンクリート、主桁、床版はつり幅、連結鉄筋、連結版、支承） ・主桁のウェブをシアープレートで連結する場合もある。 ・舗装は床版はつり幅の範囲を復旧するが、車両通過の圧密を考慮して若干盛り上げ施工となる場合が多い。

項目	内容
予測手法	・騒音・振動ともに環境影響評価等に用いる予測式では床版の連結による影響は評価できないため、個別解析が必要。 ・騒音、振動ともに路面凹凸の影響が大きいため、この影響を適切に見込む必要がある。
対策効果	・連結部はモーメントを伝達しない構造であるため、橋梁の振動特性はほとんど変化しない。 ・床版およびウェブを連結した事例においては、切削オーバーレイまで実施すると騒音で4dB（L_{50}値）、振動で9dB（L_{10}値）の効果が報告されている。ただし、舗装を箱抜きを施工とすると施工段差の影響で振動レベルの低減が期待できない。
対策規模等	床版全幅に対して施工。 切削オーバーレイも実施すると望ましい。
実績	阪神高速道路、首都高速道路を中心に実績あり
備考	

参考文献
1) 道路保全技術センター：既設橋梁のノージョイント工法の設計施工手引き（案），道路保全技術センター，1995.1
2) 山本豊，福岡賢，真田修，讃岐康博：桁連結および床版ノージョイント化による高架橋の環境改善効果，土木学会第51回年次学術講演会，I-A412，pp.824-825，土木学会，1996.9

対策事例　整理番号：Ⅱ－2

項目		内容	項目	内容
適用		道路橋・鉄道橋 ： 新設・既設	予測手法	Ⅱ-1と同様
対策区分		発生源対策 ：上部構造・構造変更		首都高速道路での実績
名称		床版連結（鉄筋フレア溶接）		23時〜5時の深夜時間帯における騒音及び振動を実測
概要		隣接する桁端部の舗装切断及びコンクリート床版をはつり、既設鉄筋をフレア溶接継手にて接続した上で、コンクリートを打設し床版を連続化する。走行車両の走行性の向上、振動及び騒音の低減による沿道環境の改善を目的に実施することが多い。	対策効果	大型車（試験車）走行時における騒音実測値 床版下面：事前78dB → 事後68dB (-10dB) 公私境界：事前76dB → 事後68dB (-8dB) 大型車（試験車）走行時における振動実測値 床版下面：事前66dB → 事後64dB (-2dB) 公私境界：事前45dB → 事後42dB (-2dB)
構造		施工前後のイメージ[1] 施工時の標準断面[2]	対策規模等	床版全幅に対して施工. 切削オーバーレイも実施することが望ましい.
			実績	首都高速道路で実績あり
			備考	片側車線にて規制時間は24時間

参考文献

1) 首都高速道路HP, http://www.shutoko.jp/ss/tech-shutoko/save/nojoint.html
2) 依田勝雄, 桑野忠生, 永田佳文, 黒須勝三：首都高速3号線におけるノージョイント化工事, 橋梁と基礎, 42巻11号, pp.11-16, 建設図書, 2008.11

対策事例　整理番号：Ⅱ－3

項目		内容
適用		道路橋・鉄道橋　：　・新設・既設
対策区分		発生源対策－上部構造－構造変更
名称		主桁連結（連続化）
概要		連続する橋梁同士の主桁を連結して連続桁化する工法である。主桁の連結方法は、①連結板による方法、②端横桁をPC鋼材で連結する方法等がある。一般的には支点上の負曲げが大きくなるため弾性支承とすることが多い。
構造		

(a) 主桁連結工法
(b) 横桁連結工法
主桁連結工法の概要図

項目	内容
予測手法	・騒音・振動ともに環境影響評価等に用いる予測式では床版の連結による影響は評価できないため、個別解析が必要。 ・騒音、振動ともに路面凹凸の影響が大きいため、この影響を適切に見込む必要がある。
対策効果	・騒音1～8dB,振動1～5dB低減[1] ・家屋2階の振動レベル測定事例[2] 対策効果の事例[2]
対策規模等	・耐震性能の向上が見込まれる。 ・支間中央断面の断面力が低減できる。 ・全主桁及び床版全幅に対して施工
実績	多数実績あり
備考	原則は車線規制不要（伸縮装置取替時は要車線規制）

対策効果の事例の表・グラフ：

	橋軸方向X		直角方向Y		鉛直方向Z	
	VAL	VL	VAL	VL	VAL	VL
工事前	46	38	49	42	51	47
工事後	41	35	44	39	49	45
効果	-5	-3	-5	-3	-2	-2

1/3オクターブ中心周波数(Hz)[2]

参考文献	1) 土木学会鋼構造委員会：振動・騒音に配慮した鋼橋の使用性能評価に関する検討小委員会報告書, 土木学会, 2011.9 2) 徳永法夫, 西村昂, 日野泰雄, 宮原哲：高架道路における交通振動低減対策効果と苦情要因の分析, 土木計画学研究, 論文集, No.14, pp.451-458, 土木学会, 1997.9

対策事例　整理番号：Ⅱ－4

項目	内容	項目	内容
適用	道路橋・鉄道橋　：　新設・既設	予測手法	延長床版ならびに路面段差をモデル化したシミュレーション解析による評価事例では、伸縮装置に発生した衝撃振動の橋脚への伝播が低減する結果が得られている[1]. 解析モデル図[2]
対策区分	発生源対策－上部構造－構造変更		
名称	延長床版－プレキャスト製品		
概要	騒音や振動の原因となる伸縮装置を土工部に移設するためRC床版を数m（最大10m程度）延長する工法で、延長床版にはプレキャスト板を使用するもの.	対策効果	・橋脚脇の振動レベルが2～3dB（L10）低減[1] ・振動のピーク発生頻度が大幅に低減 対策効果の事例[1]
構造	プレキャスト延長床版工法の概要図[1] 底版施工状況　延長床版施工状況 プレキャスト延長床版施工状況例 ・底版・延長版ともにプレキャスト ・事例の延長床版長さは10m ・底版の上に延長床版を直接設置 ・既設床版との接合はメナーゼヒンジ	対策規模等	桁端部から橋台背面へ約10mに対して実施
		実績	高速道路にて実施
		備考	車線規制が必要（車線あたり1週間程度）. 特許が取得されている（特許3595281、特許3806681、特許3973642、特許4076185、特許5102695）

参考文献
1) 木原通太郎、中村実一、元井邦彦：延長床版工法の性能確認試験による結果報告について、第26回日本道路会議、日本道路協会、2005.10
2) 大石哲也、新井恵一、村越潤：延長床版の振動低減効果に関する数値解析、土木学会第58回年次学術講演会、I-752、pp.1503-1504、土木学会、2003.9

対策事例　整理番号：Ⅱ－5

項目	内容
適用区分	道路橋・鉄道橋　：　新設・既設
対策区分	発生源対策 - 上部構造・構造変更
名称	延長床版-現場施工
概要	騒音や振動の原因となる伸縮装置を土工部に移設するためRC床版を数m（最大10m程度）延長する工法で、延長床版のコンクリートを現場で打設するものである。
構造	現場打ち延長床版構造概要図　／　現場打ち延長床版施工状況図

項目	内容
予測手法	・騒音・振動ともに環境影響評価等に用いる予測式では床版の連結による影響は評価できないため、個別解析が必要. ・騒音、振動ともに路面面凹凸の影響が大きいため、この影響を適切に見込む必要がある. ・移動荷重による動的応答解析で検討事例あり.
対策効果	・14Hz付近（建具ガタツキに強く影響していた）の振動、低周波音の低減が顕著であった. 家屋2階水平振動　家屋2階低周波音 ・アンケートの結果（有効回答数31）94%が振動が低減したと回答 延長床版工法による効果の事例[1]
対策規模等	桁端部から橋台背面へ約10mに対して実施
実績	高速道路にて延長床版4～13mの実績あり
備考	・車線規制が必要（配筋、型枠作業、コンクリート硬化（使用するコンクリートに依存）に時間を要するため、一般的に工期が長くなる傾向がある.）

参考文献：
1) 讃岐康博，梶川康男，永井淳一，浜博和：延長版工法による振動低減効果について，土木学会第54回年次学術講演会，I-B-242，pp.482-483，土木学会，1999.9
2) 池田光次，永井淳一，衛藤繁美，安藤亮介，大林正和：鋼鈑桁橋の振動対策工法－中国道－後川橋延長床版工事－，EXTEC，第49号（Vol.13, No.1），pp.35-37，高速道路技術センター，1999
3) S. Fukada, Y. Kajikawa, M. Sugimoto, H. Hama and T. Matsuda: Characteristics of vibration and low frequency noise radiated from the highway bridge and countermeasure, Proceedings of the 19th International Congress on Acoustics, ENV11-001-IP, 2007

対策事例　整理番号：Ⅱ－6

項目	内容	項目	内容
適用	道路橋・鉄道橋　：　新設・既設	予測手法	・騒音、振動ともに環境影響評価等に用いる予測式では支承構造の影響は評価はできないため、個別解析が必要。 ・動的応答解析においては、特にゴム支承における非線形性の評価を適切に行う必要がある。 ・動的応答解析で検討事例あり。
対策区分	発生源対策・上部構造・構造変更		
名称	支承構造変更		
概要	支承を鋼製からゴム支承に変更することにより振動の遮断効果を期待した工法であり、主として支承の老朽化に対する補修や耐震対策の一環として採用されることが多い。支承の機能を別々に備える機能分離支承も開発されている。	対策効果	・鋼製支承をゴム支承に交換した際、ゴムの弾性係数が低すぎる場合伸縮装置に段差が生じて、振動が大きくなるケースが報告されている。 ・耐震対策として鋼製支承からゴム支承に交換した際の振動対策効果については明瞭な効果は報告されていない。 ・機能分離支承についても常時の交通振動に対する明瞭な効果は報告されていない。
構造	鋼製支承の例 （上沓、中間プレート、ステンレス板、下沓、すべり板、弾性体） ゴム支承の例 （鋼板、ゴム） 機能分離支承の例 （ブラケット、主桁、荷重支持板、ステンレス、ゴムバッファ、PTFE） 荷重の支持と回転を荷重支持板で、PTFEとステンレス板の間の摩擦で地震時における橋軸方向の振動の長周期化と減衰付加を、ゴムバッファで慣性力の分散と変位制限とした機能分離支承の例[2] 支承構造例[1][2]	対策規模等	桁端部のすべての支承 支承の固定条件が変わる場合は橋梁すべての支承取替
		実績	兵庫県南部地震以降、耐震対策として鋼製支承からゴム支承に交換した実績が多数あり
		備考	支承交換時に反力バランスを適切に管理しないと、反力のアンバランスに起因する騒音や振動が発生する可能性がある。また、ジャッキアップのための補強が必要。

参考文献：
1) 日本道路協会：道路橋支承便覧（平成16年4月版）、日本道路協会、2004.4
2) 徳永法夫、吉川実、川北司郎、山本豊：高力黄銅支承板(BP)支承からゴム支承への取替えに対する有益性に関する一考察、土木学会論文集、No.581、Ⅳ-37、pp.17-25、土木学会、1997.12

対策事例　整理番号：Ⅱ－7

項目		内容	項目		内容
適用	道路橋・鉄道橋　：　新設・既設				・地盤振動は既存の予測手法では評価できない.
対策区分	発生源対策－上部構造・構造変更				・床版増厚時に高機能舗装を採用する場合はASJで評価可能.
名称	床版増厚		予測手法		・個々の評価はFEMによる動的応答解析などが適用できる.
概要	既設床版の上面に必要に応じて鉄筋を配置し，コンクリートを打設して，剛性や質量増加によって振動を低減する工法である. 床版増厚により押抜きせん断耐力の向上が期待できるため，耐久性向上を目的として実施されることが多い.				解析モデル図[2]
構造	[現況] [床版上面増厚工法] [鉄筋補強上面増厚工法] 床版上面増厚の構造概要図[1] a)配筋状況　b)コンクリート打設状況 床版上面施工状況 ・鉄筋を設ける場合と設けない場合がある. ・増厚コンクリートは超速硬コンクリートの採用が多い.		対策効果		・騒音レベル（官民境界）で2~3dB（夜間L_{eq}平均）低減. ・振動レベル（官民境界地盤上）で4~dB（夜間L_{10}平均）低減. （上記は参考文献[2]で路面平坦性の改善効果も含めた値） ・床版の剛性や質量増加による振動低減効果を期待. ・路面平坦性の改善効果より影響は小さい. 対策効果の事例[2]
			対策規模等		床版全幅に対して実施
			実績		床版補強を主目的とした実績が多い.
			備考		車線規制が必要（車線あたり1週間程度）

参考文献
1) 高速道路調査会：上面増厚工法設計施工マニュアル，高速道路調査会，1995.11
2) 浜博和，深田宰史，岡川清隆，岡田裕行，梶川康男，松山好幸：RC中空床版橋周辺の地盤振動対策と路面評価，構造工学論文集，Vol.58A，pp.237-249，土木学会，2012.4
3) 東日本高速道路，中日本高速道路，西日本高速道路：構造物施工管理要領　令和元年7月版，2019.7

対策事例　整理番号：Ⅱ－8

項目	内容		項目	内容
適用	道路橋・鉄道橋　：　新設・既設		予測手法	対策2：主桁端部下フランジから床版までの高さ1.35m、端対傾構を含めた厚さ0.6mをコンクリートで巻き立てた。床版下約25cmは空間を残した。
対策区分	発生源対策－上部構造・構造変更			予測式は確立していない。
名称	桁端部コンクリート巻立て			移動荷重による動的応答解析で検討した事例あり
概要	路面の不陸や伸縮継手部の段差などの影響により車両の衝撃的な振動を軽減するために桁端部をコンクリートで巻き立てる工法である。		対策効果	・対策1では桁端部と床版が一体化されたことにより対策前に比べ、加速度応答が5割程度低減していた。 ・桁端部補強対策では桁端部を床版下面まですべてコンクリートで巻き立てする方が衝撃的な振動を軽減できる。
構造	土木研究所の試験橋梁にて以下2ケースの対策を行った。 対策1：主桁端部下フランジから床版までの高さ1.6m、端対傾構を含めた厚さ0.6mをコンクリートで巻き立てた。床版下約10cmは路面との一体化を図るため、無収縮モルタルを挿入した。 無収縮モルタル600 コンクリート（対策1） コンクリート（対策2） 縦断面図 物断面図 縦断面図（対策1）　単位：mm 縦断面図（対策2） 桁端部補強対策の概要図[1]			対策1 対策2 各対策の低減効果[1] 車両走行位置 ○：50%以上の低減率 △：0～100%未満の低減率 ■：変化なし ▲：0～100%未満の増加率 ●：100%以上の増加率
			対策規模等	桁端の橋軸方向に500-600mm程度
			実績	多数実績あり
			備考	

参考文献　1) 佐藤弘史、澤田憲生、今野久志、長尾彰洋：高架橋の桁端部補強による道路交通振動の軽減対策、土木技術資料、Vol.37、No.5、pp.58-63、土木研究センター、1995
2) 山田靖則、川谷充郎、川合充司：桁端補強工法による橋梁交通振動軽減の解析的研究、構造工学論文集、Vol.43A、pp.737-746、土木学会、1997.3

対策事例　整理番号：Ⅱ－9

項目	内容
適用	道路橋・鉄道橋 ： 新設・既設
対策区分	発生源対策－上部構造－構造変更
名称	SRC床版
概要	トラス橋の床版を、通常の縦桁・横桁で支持する構造でなく、横桁をRCで巻き込んで一体化したSRC床版としたもの。桁下面からR.L（レールレベル）までの高さを低減できる効果もある。
構造	 SRC床版を用いた下路トラス橋の例
参考文献	1) 日本鋼構造協会：鋼鉄道橋の低騒音化，JSSCテクニカルレポートNo.68，日本鋼構造協会，2005.11 2) 坂東孝美，矢島秀治，紀伊昌幸：鋼鉄道橋の騒音と騒音低減のための床組構造について，土木学会第59回年次学術講演会，1-035，pp.69-70，土木学会，2004.9 3) 谷口望，丹羽雄一郎，西田寿生，矢島秀治，半坂征則：鉄道用鋼橋・コンクリート複合橋の騒音レベルに関する実橋測定，土木学会第65回年次学術講演会，CS2-008，pp.55-56，土木学会，2009.9

項目	内容
予測手法	予測は困難であるが、RC構造と同程度の騒音レベルが期待できる。
対策効果	 下路トラス橋の軌道・床組構造・床組構造別の騒音レベル[2] 在来線橋梁を対象に、下路トラス橋の軌道構造・床組構造・床組構造別の騒音測定結果。マクラギ直結と鋼直結は開床式構造。RCラーメン高架橋（スラブ軌道・バラスト軌道）を比較として測定。列車速度はそれぞれ120km/hに補正している。SRC床版バラスト軌道の平均値を1とし、各構造の騒音レベルの比を示している。SRC床版はRCラーメン高架橋と近い騒音性状を示している。
対策規模等	橋梁の床版全体をSRC化
実績	在来線トラス橋、複数の橋梁で採用実績あり
備考	床版のひび割れ抑制のため、鋼繊維補強コンクリートを採用

対策事例　整理番号：Ⅲ－1

項目		内容
適用		道路橋・鉄道橋　：　新設・既設
対策区分		発生源対策 - 上部構造・減衰付加
名称		動吸振器 - TMD
概要		TMDはマス、バネ、ダンパーからなり、構造物の固有振動に同調させることにより、それぞれに発生する振動が打ち消しあうもの
構造		 TMD設置状況[1] TMD[1]

項目	内容
予測手法	上部工の固有値解析および現地振動計測より、低周波振動に明確に影響を与える2つの卓越振動モードを把握。 3次元FEMモデルによる調和応答解析により効果検証し、TMD設置により上部工応答加速度は1/2以下、6dB程度の低周波振動抑制効果が期待された。
対策効果	受音点における対策効果として、卓越する低周波音圧を5～8dB程度低減でき、がたつき閾値内に収めた。
対策規模等	制振総重量の1%程度
実績	高速道路にて実績あり
備考	

参考文献	1) 畔柳昌已, 高橋広幸, 上東泰, 安藤直文, 篠文明：鋼桁橋のコンクリート床版から発生する騒音・低周波振動問題への対策　―第二東名高速道路 刈谷高架橋環境対策工事―, コンクリート構造物の補修, 補強, アップグレード論文報告集, 第9巻, pp.369-374, 日本材料学会, 2009.10

対策事例　整理番号：Ⅲ－2

項目	内容	項目	内容
適用	道路橋・鉄道橋 ： 新設・既設		・1つ1つの錘を小さくし、多重のTMDとして制御対象の固有振動数付近に分散して設定することにより、効果的に振動を低減でき、ロバスト性が高い制振装置とした。 ・支持機能と減衰装置には、コイルバネ、板バネおよび磁気ダンパーを用いているため、温度依存性が極めて小さい。
対策区分	発生源対策－上部構造・減衰付加		
名称	動吸振器-MMD		
概要	MMD (Multiple Mass Damper) とは、振動数、減衰定数を微妙に変化させた1自由度系の動吸振器の集合である。質量の合計はTMDと同じ値とし、1つの質量で振動を制御させるTMDと比較して、固有振動数を分散させることにより、ロバスト性の向上も期待でき、固有振動数が日々変化する場合や近接する複数の卓越振動数を有する構造に適した振動制御の方法。	予測手法	数値シミュレーション解析にて実橋をモデル化したうえでMMDを付加して振動低減効果を確認。
構造	 コイルバネ（上下各4本）　板バネ　磁気ダンパー ・比較的高い振動数を対象とした場合、錘の振幅は微小となり、取付部の摩擦等の影響を受けやすくなる。これに対して減衰機構に磁気ダンパーを用いることにより、錘と架台を非接触とさせ、微小振幅における減衰性能発揮を実現させた。	対策効果	 シミュレーション結果 1) 数値シミュレーションにより、MMDの設置により、最大加速度が約75％程度が低下した。また、2つのモードで、フーリエ振幅が1/2以下に低下した。
		対策規模等	制振対象の振動モードに合わせて各径間に配置 （例えば、1モードあたり4個設置）
		実績	高速道路にて実績あり
		備考	

参考文献　1) 二木太郎、五十嵐隆之、横川英彰、岩崎雄一、下田郁夫：マルチプルマスダンパー（MMD）の橋梁への適用と解析、土木学会第61回年次学術講演会、I-168, pp.335-336, 土木学会、2006.9

対策事例　整理番号：Ⅲ－3

項目		内容	項目	内容
適用		道路橋・鉄道橋　：　新設・既設	予測手法	平面骨組みモデルによる加速度応答解析により、センターダンパーの効果を確認。
対策区分		発生源対策－上部構造・減衰付加		
名称		センターダンパー	対策効果	・2.5〜4.0Hzの振動モードに対して大幅な振動加速度の低減と減衰効果が得られた。幅広い低周波数領域で音圧を10dB程度低減できた。
概要		支間中央に支柱を設置し、鋼桁と支柱との間に取り付けた鉛直プレートの間に高減衰ゴムダンパーを配置し、ゴムのせん断ひずみによる履歴減衰により振動エネルギーを吸収する。微小な活荷重振動に対して安定した減衰性能を発揮できるように高減衰ゴムは薄肉化（t=20mm）している。また、上部構造の常時伸縮に対応できるようにLB（直動転がり支承免震装置）を応用した滑り機構となっている。		・物的苦情に関する参照値（建具のがたつき閾値）内に収めることができた。
		センターダンパー		センターダンパーによる振動抑制効果[1]
			対策規模等	支間中央の各桁を支持するように設置
			実績	高速道路にて実績あり
構造			備考	桁下空間の確保が必要

参考文献　1）畔柳昌己、高橋広幸、上東泰、安藤直文、篠文明：鋼桁橋のコンクリート床版から発生する騒音・低周波振動問題への対策　－第二東名高速道路 刈谷高架橋環境対策工事－、コンクリート構造物の補修、補強、アップグレード論文報告集、第9巻、pp.369-374、日本材料学会、2009.10

対策事例　整理番号：Ⅲ－4

項目		内容
適用		道路橋・鉄道橋　：　新設・既設
対策区分		発生源対策－上部構造・減衰付加
名称		桁端ダンパー
概要		主桁下フランジにL字状の板を取り付け桁端部の回転変位を並進変位に増幅し，橋脚との相対変位に対して制振樹脂のせん断変形で抵抗させて減衰を付加する。
構造		回転変位 主桁 キール 制振材（樹脂） 並進変位 橋脚 桁端ダンパー[1]

項目	内容
予測手法	移動荷重による動的応答解析によって確認 橋梁の解析モデル図[1]
対策効果	・家屋脇地盤振動　3～5dB低減（L_{10}平均値） ・家屋脇地盤で55dB以上のピーク発生頻度が減少 ・地盤振動の3～4Hz成分が低減 ■対策前　■対策後 振動レベル (dB) ■対策前　□対策後 中心周波数 (Hz) 対策前後での家屋脇地盤振動の違い
対策規模等	対象橋梁の各主桁の両端部に設置
実績	高速道路にて実績あり
備考	桁下空間の確保が必要 特許：特開2005-320764

参考文献　1）深田宰史，吉村登志雄，岡田徹，薄井王尚，浜博和，岸隆：高架橋周辺の環境振動の予測，構造工学論文集，Vol.55A，pp.329-342，土木学会，2009
2）岸隆，福本薫：付加減衰工法を用いた橋梁振動対策－京葉道路での取り組み－，EXTEC，No.82，pp.29-32，高速道路技術センター，2007.9

対策事例　整理番号：Ⅲ－5

項目	内容
適用	道路橋・鉄道橋　：　既設
対策区分	発生源対策・衝撃対策 - 上部構造・減衰付加
名称	運動量交換型衝撃吸収ダンパー
概要	下図のように、同一直線上に位置する3つの同じ質量の剛球A，B，Cを仮定する。ここで、2つの剛球B及びCは接しながら静止している。そこへ剛球Aが剛球B側へ速度vで衝突する。このとき、それぞれの剛球の質量は同じであるため、直接衝撃を受ける剛球Bは静止し、それに接する剛球Cが速度vで運動を開始する。これは、剛球Aが持つ運動量が剛球Bを介して剛球Cに交換される玉突き衝突を現象として一般的に知られている。この原理を応用した衝撃吸収ダンパー。

衝突前　A　B　C
A v→
衝突後　A　B　C
C　v→

衝撃源
A→

床版面
C 振動マス
弾性要素 B 減衰要素

| 構造 | 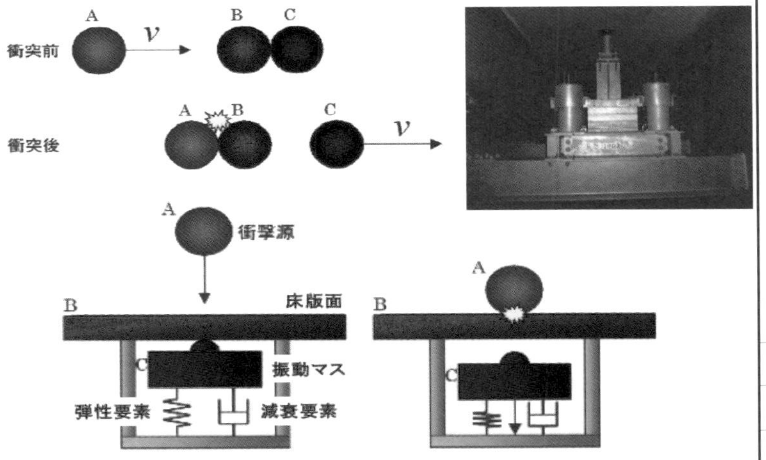 運動量交換型衝撃吸収ダンパーの原理[1] |

項目	内容
予測手法	モデル実験にて効果を確認

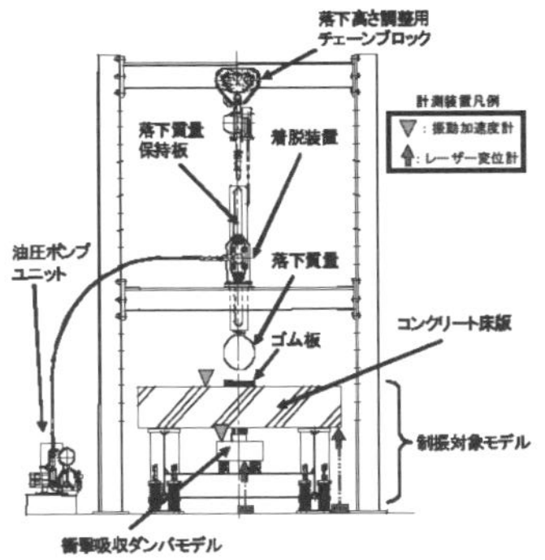

計測箇所例
▽下部高さ調整用チューニングブロック
▲振動加速度
レーザー変位計
コンクリート床版
鋼板
ゴム板
下部質量接触部
下部質量
油圧ポンプユニット
衝撃吸収ダンパーモデル
鋼板試験モデル

モデル実験装置　概要図[1]

対策効果	・モデル実験から、衝撃吸収ダンパーによる振動抑制効果は、加振直後の床版の初期波形の振幅の振動を抑制する衝撃吸収効果と衝撃吸収効果の再接触に伴い振動の減衰を促進するインパクト効果がある。 ・床版接触部は、適度な力で床版に押さえ付けた方が、変位の抑制効果は大きいが、押さえ付け力が大きすぎると、インパクト効果が低下する。 ・床版における振動加速度が70galと加振力が小さい場合、衝撃吸収効果は表れるものの、ダンパーは床版から離れずに一体の振動をし、インパクト効果が表れない。
対策規模等	
実績	高速道路にて実績あり
備考	鋼橋の床版を対象 集合住宅のフローリング床の衝撃振動対策を応用

| 参考文献 | 1) 長船寿一、中村俊一、水野恵一郎、加藤久雄、植田知孝：道路橋振動対策としての運動量交換型衝撃吸収ダンパーの研究、構造工学論文集、Vol.56A、pp.237-250、土木学会、2010 |

対策事例　整理番号：Ⅲ－6

項目	内容	項目	内容
適用	道路橋・鉄道橋　：　新設・既設	予測手法	スケールモデル及び実規模モデルによる振動制御実験にて効果確認 振動抑制を行うことにより、2〜5Hzの範囲においてピーク値をとる部分を中心に振動レベルを制御可能
対策区分	発生源対策 - 上部構造・減衰付加		
名称	アクティブダンパー	対策効果	 Relative Power Spectrum (Averaged in 5 minutes) アクティブダンパーによる振動抑制効果
概要	構造物にアクチュエータを取り付け、振動性状に合わせた制振エネルギーを積極的に供給する装置		
構造	 アクティブダンパー設置イメージ	対策規模等	橋脚位置にテンドン棒を設置
		実績	高速道路にて実績あり
		備考	アクティブ制御の検討に伴う加振状態が懸念 ※上述の検討では、アクチュエータの駆動モータを検出するタコジェネレータ出力を制御系に帰還し、ダンピング効果を与えることで加振状態を安定化

参考文献　1) 矢作枢，吉田和彦：高架橋における交通振動のアクティブコントロール，土木学会論文集，第356号，pp.435-444，土木学会，1985.4

対策事例　整理番号：Ⅲ－7

項目		内容	項目	内容
適用		道路橋・鉄道橋　：　新設・既設	予測手法	鋼桁の規模や構造形式、軌道構造、線路線形、列車種別等の違いにより、予測は一般に困難である。
対策区分		発生源対策‐上部構造‐減衰付加		
名称		制振材‐拘束型磁性体		
概要		鋼桁のウェブ等に磁力で制振材を取り付ける工法である。磁力により吸着で振動体に保持されるため、振動体が振動によって変形した時、粘弾性体のせん断変形によって生じるエネルギー損失と界面のズレ摩擦によって生じるエネルギー損失により、制振性能が発揮される。	対策効果	軌道中央（列車速度82～87km/h）から12.5m離れた点で、騒音レベルが約4dB低下する。
構造		制振材(拘束型磁性体)の制振メカニズム[1]	対策規模等	主桁・横桁・縦桁のウェブの全長に設置
			実績	多数あり(在来線)
			備考	特許：特開平05-257485

騒音のオクターブバンド分析結果[3]（実測値）

縦軸：騒音レベル (dB(A))　横軸：オクターブバンド中心周波数 (Hz)
63　125　250　500　1k　2k　4k　8k　A.P.(A)
列車速度 ＝ 82～87km/h　軌道中央12.5m離れた点
4dB(A)
○ 制振材貼付前　● 制振材貼付後

参考文献
1) 半坂征則, 御船直人：磁性複合型制振材の制振特性, 鉄道総研報告, Vol.7, No.6, pp.41-48, 鉄道総合技術研究所, 1993.6
2) 半坂征則, 三浦篤史, 御船直人：磁性複合型制振材の制振特性Ⅱ―拘束層厚, ダンピング層厚依存性―, 騒音制御, Vol.21, No.4, pp.273-281, 日本騒音制御工学会, 1997
3) 半坂征則, 中西巨悟, 鈴木実, 山田功司：拘束型磁性制振材による鋼鉄道橋の振動低減, 鉄道総研研究報告, Vol.16, No.12, pp.29-34, 鉄道総合技術研究所, 2002.12

対策事例　整理番号：Ⅲ－8

項目	内容	項目	内容
適用	道路橋・鉄道橋： 新設・既設	予測手法	鋼桁の規模や構造形式、軌道構造、線路線形、列車種別等の違いにより、予測は一般に困難である。
対策区分	発生源対策－上部構造・減衰付加	対策効果	接着型制振材の有無で構造物音による騒音を数dB～10数dBの低減効果が推定されている。 制振材による振動低減効果1)
名称	制振材－接着型		
概要	鋼桁のウェブ等に接着剤とスタッドで制振材を取り付ける工法である。制振材は、材料そのものが歪むことで充填剤と高分子間との摩擦により熱エネルギーに変換され、制振性能が発揮される。		
構造	 制振材(接着型)の設置例 制振材(接着型)の寸法種類5)を改変(一部修正)して転載 300×300　300×150　150×150	対策規模等	主桁・横桁・縦桁のウェブの全長に設置 接着型制振材1枚あたり　1,000～3,000円 接着材　3,000円程度/m²
		実績	多数あり（新幹線・在来線）
		備考	
参考文献	1) 谷口紀久、羽根良雄、菅原則之：鋼橋の騒音防止、構造物設計資料、No.38, pp.24-27, 日本国有鉄道, 1974.6 2) 日本鋼構造協会：鋼鉄道橋の低騒音化、JSSCテクニカルレポートNo.68, p.58, pp.90-91, 日本鋼構造協会, 2005.11 3) 日本鋼構造協会：鉄道合成桁の低騒音化、JSSCテクニカルレポートNo.103, p.79, 日本鋼構造協会, 2015.2 4) 鉄道総合技術研究所：鉄道構造物等設計標準・同解説（鋼・合成構造物）鋼鉄道橋規格（SRS）, pp.86-90, 丸善出版, 2009.7 5) 三宅清、村西哲、増村照文、加藤直樹：鋼鉄道橋用制振材（SBダンパー）の開発、昭和電線レビュー, Vol.59, No.1, pp.63-67, 昭和電線ホールディングス, 2012		

対策事例　整理番号：Ⅲ－9

項目	内容		項目	内容
適用	道路橋・鉄道橋　：　新設・既設		予測手法	鋼桁の規模や構造形式、軌道構造、線路線形、列車種別等の違いにより、予測は一般に困難である。試験施工等により、予め効果を確認。
対策区分	発生源対策‐上部構造・減衰付加			
名称	制振材‐制振コンクリート		対策効果	制振コンクリート単体の有無による騒音低減効果は、不明であるが、制振材と合わせて10dB程度と考えられる。
概要	箱桁断面の下フランジ上面や、床組のウェブにコンクリートを配置し、重量増に伴う振動抑制を図る。			
	制振コンクリート（箱桁内） （提供：鉄道・運輸機構）		対策規模等	合成桁箱桁であれば、下フランジ上面に厚さ150mmで配置する。なお、支点部は下横リブ高さ相当のコンクリートを配置する。トラスやアーチであれば、床組の側面（下フランジ幅）に配置することが多い。荷重軽減を図るため、軽量コンクリートを配置することも多い。
構造			実績	在来線および新幹線にて多数の実績がある。
			備考	
参考文献	1) 日本鉄道建設公団（現 鉄道建設・運輸施設整備支援機構）：鋼橋防音工の設計施工の手引き、1987.6 2) 日本鋼構造協会：鋼鉄道橋の低騒音化、JSSCテクニカルレポート No.68、日本鋼構造協会、2005.11 3) 日本鋼構造協会：鉄道合成桁の低騒音化、JSSCテクニカルレポート No.103、日本鋼構造協会、2015.2			

対策事例　整理番号：IV－1

項目	内容	項目	内容
適用	道路橋・鉄道橋　：　新設・既設	予測手法	道路交通騒音の予測手法　ASJ RTN-Model 2013　等で予測　遮音壁による回折減音効果は，回折経路差(δ)を計算し，補正量を算出することによって求めることができる． 回折経路差の算出手法
対策区分	伝播経路上対策　：　大気・減衰付加		
名称	遮音壁-直壁タイプ・張出タイプ (道路)		
概要	道路から発生する音を遮断，又は回折によって減音を図る構造．張出タイプは遮音壁先端を道路側に張り出したもの．主に道路橋で採用されている．	対策効果	・橋梁部の遮音壁には大別して音源側の表面を吸音処理した吸音性遮音壁（金属板など）と表面が反射性の材料で構成される反射性遮音壁（透光型板など）がある． ・反射性遮音壁は遮蔽物であると同時に音を反射するため，道路構造や周辺状況によっては注意が必要である． ・透過損失効果は一般的な吸音性遮音壁で25dB，透光型遮音壁で20dB程度，吸音率は吸音性で0.75程度で算出する． ・詳細な対策効果は上記予測手法等で算出する．
構造	張出タイプ　4.5m　遮音壁による対策イメージ2)を改変（一部抜粋）して転載　音源S，遮音壁，対象受音点，遮音域 　金属製　／　透光型　遮音壁 (道路橋)	対策規模等	m²当たり10～100千円程度
		実績	多数実績あり
		備考	遮音板は記載の他素材も多数あり

参考文献　1) 日本音響学会道路交通騒音調査研究委員会：道路交通騒音の予測モデルASJ RTN-Model 2013, 日本音響学会誌, 70巻4号, pp.172-230, 日本音響学会, 2014.4
2) 東日本高速道路, 中日本高速道路, 西日本高速道路：設計要領第五集 遮音壁 平成29年7月版, 2017.9

対策事例　整理番号：Ⅳ－2

項目		内容	項目	内容
適用		道路橋・鉄道橋　：　新設・既設	予測手法	橋梁の規模、構造形式、軌道構造、線路線形、列車種別、等を用いて、在来鉄道騒音の予測評価手法および新幹線沿線騒音予測手法により予測（シミュレーション）を実施し、防音壁高さを決める。
対策区分		伝播経路上対策 - 大気・張出付加		
名称		遮音壁-直壁タイプ・張出型タイプ（鉄道）		
概要		軌道面や架線等の発生源より生じた音を遮断により防音するもの。 主に鉄道橋で採用されている。	対策効果	・周波数125～2000Hzの領域において透過損失が25dB以上（JIS A 1146の試験方法による） ・遮音壁の有無により、平均で7～8dbの低減が図れた（実測）。山陽新幹線以降の区間において、遮音壁（吸音工の無い防音壁）が建設の区間に設置されている。 ・新幹線構造物において、一般的な遮音壁は、軌道中心より3.6m程度離れているが、遮音効果を高めるため、逆L型を用いて建築限界ぎりぎりまで設置した事例もある。 ・当初設置された高さによって騒音規制が満足しない場合、かさ上げによる対応を実施する場合がある。
構造		 PC板や透明板仕様の上端屈折型防音壁　　PC板仕様の直型防音壁 遮音壁（鉄道） （提供：鉄道・運輸機構） 材料の区分：PC版、場所打ちコンクリート、ポリカーボネート版、FRPなど 形状の区分：直型、上端屈折型、逆L型など	対策規模等	左右の床版端部において、橋梁全長に渡って設置する。近隣の家屋との距離（類型指定）および速度等の影響により、軌道面からの防音壁高さの設定を行う。
			実績	在来線および新幹線にて多数の実績がある。
			備考	上端屈折は、雪害対策の影響による。
参考文献		1) 日本鉄道建設公団（現 鉄道建設・運輸施設整備支援機構）：鋼橋防音工の設計施工の手引き、1987.6 2) 日本鋼構造協会：鋼鉄道橋の低騒音化、JSSCテクニカルレポート No.68、日本鋼構造協会、2005.11 3) 日本鋼構造協会：鉄道合成桁の低騒音化、JSSCテクニカルレポート No.103、日本鋼構造協会、2015.2		

対策事例　整理番号：Ⅳ－3

項目	内容	項目	内容
適用	道路橋・鉄道橋 ： 新設・既設	予測手法	橋梁の規模、構造形式、軌道構造、線路線形、列車種別、等を用いて、在来鉄道騒音の予測評価手法および新幹線騒音沿線騒音予測手法により予測（シミュレーション）を実施し、適用可能な遮音壁高さを超える場合に配置する。
対策区分	伝播経路上対策－大気－減衰付加		
名称	遮音壁－吸音板（鉄道）		
概要	発生源より生じた音を吸音することで防音するもの．鉄道橋においては、Ⅳ-2遮音壁を適用しても周辺環境の騒音規制を満足できない場合に設置することが多い．	対策効果	吸音板の吸音率は、JIS A 1409（残響室法吸音率）に基づく測定により、空気層0mmにおいて、500Hz～2000Hzの周波数範囲で0.7以上．もしくは、JIS A 14005（垂直入射吸音率法）による測定において500～2000Hzの周波数範囲で0.7以上．
構造	遮音壁　吸音板（鉄道橋）（提供：鉄道・運輸機構）	対策規模等	吸音板を設けていない遮音壁のみで実走行速度等関係で、騒音が基準値を満足できない箇所に設置する．材料は、金属系や繊維系などがある．
		実績	在来線および新幹線にて多数の実績がある．
		備考	新幹線橋梁の場合、吸音材は、新幹線走行による影響がない強度を有しなければならない．特に積雪寒冷地では、飛雪や除雪圧の影響を考慮し、強度だけでなく吸音率も低下しない物を選択する必要がある．

参考文献
1) 日本鉄道建設公団（現鉄道建設・運輸施設整備支援機構）：鋼橋防音工の設計施工の手引き、1987.6
2) 日本鋼構造協会：鋼鉄道橋の低騒音化、JSSCテクニカルレポートNo.68、日本鋼構造協会、2005.11
3) 日本鋼構造協会：鉄道合成桁の低騒音化、JSSCテクニカルレポートNo.103、日本鋼構造協会、2015.2

対策事例　整理番号：Ⅳ－4

項目		内容
適用		道路橋・鉄道橋 ： 新設・既設
対策区分		伝播経路上対策 - 大気・減衰付加
名称		遮音壁-先端分岐型（道路）
概要		道路から発生する音を遮断、又は回折によって減音を図る構造。張出タイプは遮音壁先端を道路側に張り出したもの。主に道路橋で採用されている。
構造		大型タイプ／小型タイプ（単位：mm） 先端分岐型の構造タイプ 音の相互干渉による減音／多重回折減衰による減音 騒音低減のメカニズム —— 先行反射波　---- 器経進行波／先行反射波と運経進行波との干渉

項目	内容
予測手法	道路交通騒音の予測手法　ASJ RTN-Model 2013 等で予測 先端改良型遮音壁と等価な厚さを有する厚い反射性障壁に関する回折影響係数$D_{thick,m}$及び装置固有の減音効果$D_{edge,m}$を設定して計算する。 係数の概念[1] $$[D_{emb,m}] = [D_{thick,m}] \cdot [D_{edge,m}]$$
対策効果	・多重回折減衰及び相互干渉効果による減音が組み合わされて騒音が低減される。 ・同じ高さの直壁に比べ、概ね2～5dBの騒音低減効果が確認されており、壁の高さを2～3m高上げたのと同じ効果が得られる。 ・遮音壁による圧迫感の低減、日照阻害・電波障害など2次的問題の発生を抑える効果もある。 ・遮音壁の高上げの場合と比較して、上部工の補強が不要または、軽微となる。
対策規模等	m当たり50～150千円程度
実績	多数実績あり
備考	先端改良型遮音壁が高速道路用地外へはみ出す可能性もあるため確認が必要

参考文献
1) 日本音響学会道路交通騒音調査研究委員会：道路交通騒音の予測モデルASJ RTN-Model 2013, 日本音響学会誌, 70巻4号, pp.172-230, 日本音響学会, 2014.4
2) 東日本高速道路, 中日本高速道路, 西日本高速道路：設計要領第五集 遮音壁 平成29年7月版, 2017.9

対策事例　整理番号：IV－5

項目		内容
適用	道路橋・鉄道橋　：　新設・既設付加	
対策区分	伝播経路上対策－大気・減衰付加	
名称	遮音壁－先端分岐型（鉄道）	
概要	既設防音壁の上部に取り付ける装置で、音の回折と干渉現象を利用することで騒音低減量を向上させる。主に鉄道橋で採用されている。	
構造	 遮音壁断面1) 単位：mm 設置状況3)を改変（一部修正）して転載 遮音壁1)	

項目	内容
予測手法	装置の形状を数値解析により決定し、実物大模型試験、および現地試験により効果と耐久性を確認 形状と効果 試験状況1)を改変（一部修正）して転載
対策効果	・新幹線高速走行試験結果から、360km/h走行時に25m地点において、約2dBの騒音低減効果が見られた。 25m点の騒音測定結果2)
対策規模等	高さ500mm、幅800mm
実績	1.7km（新幹線）
備考	特許：特許第4798991号 特許：特許第5165945号

参考文献：
1) 森圭太郎, 高桑靖匡, 野澤伸一郎, 島広志, 渡辺敏幸：鉄道用新型騒音低減装置の効果検証実験, 土木学会論文集G, Vol.62 No.4, pp.435-444, 土木学会, 2006.12
2) 櫻井一樹, 森圭太郎, 増田達：防音壁上に設置する新幹線用騒音低減装置の開発, JR EAST Technical Review, No.22, pp51-56, JR東日本, 2008
3) 今裕之, 金子達也：新幹線用騒音低減装置の適用拡大に向けた縮小模型実験, 土木学会第67回年次学術講演会, VII-098, pp.195-196, 土木学会, 2012.9

対策事例　整理番号：Ⅳ-6

項目	内容
適用	道路橋・鉄道橋　：　新設・既設
対策区分	伝播経路上対策 - 大気・減衰付加
名称	遮音壁-ノイズリデューサ
概要	道路から発生する音を遮断、又は回折によって減音を図る構造。張出タイプは遮音壁先端を道路側に張り出したもの。主に道路橋で採用されている。
構造	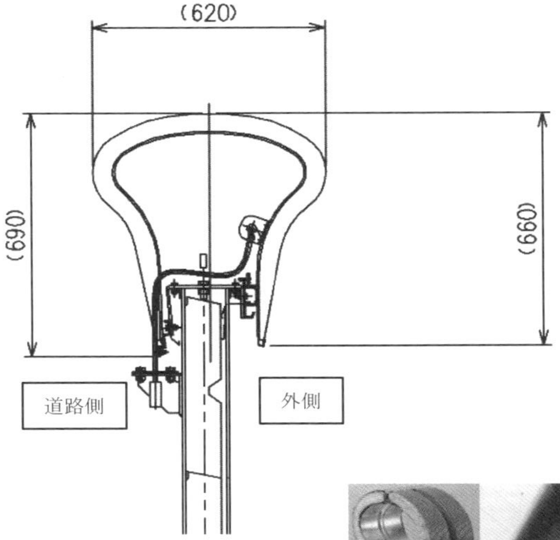 ノイズリデューサ構造図 

項目	内容
予測手法	道路交通騒音の予測手法 ASJ RTN-Model 2013 等で一般部分を予測した上で、ノイズリデューサの効果を見込む。 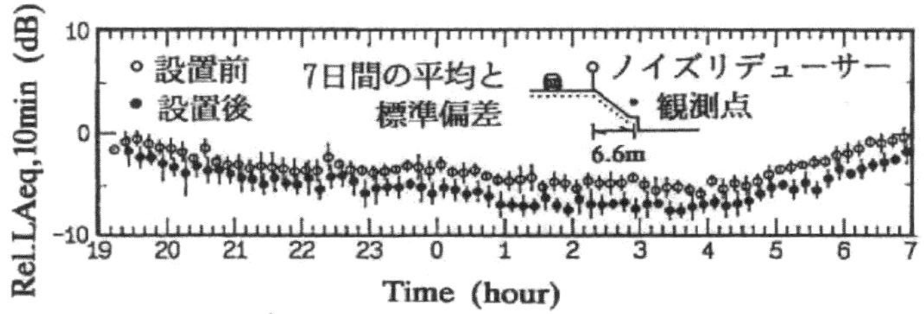 設置前後の騒音レベル（比較）
対策効果	・遮音壁の先端に吸音性の材料を設置することで、壁背後の音の層を低減を図る。 ・壁背後で平均約1～2dBの騒音低減効果が得られる。 ・遮音壁による圧迫感の低減、日照障害・電波障害など2次的問題の発生を抑える効果もある。 ・遮音壁の嵩上げの場合と比較して、上部工の補強が不要または、軽微となる。
対策規模等	m当たり50千円程度
実績	多数実績あり
備考	

グラフ：ReLLAeq,10min (dB)／Time (hour)／○設置前　●設置後／7日間の平均と標準偏差／ノイズリデューサ／観測点／6.6m

図内寸法：(660) (620) (690)／道路側／外側

参考文献
1) 庄野豊,吉村義朗,山本貢平：道路遮音壁先端に設置する騒音低減装置の開発、土木学会論文集、No.504/Ⅳ-25、pp.81-89、土木学会、1994.12
2) 東日本高速道路,中日本高速道路,西日本高速道路：設計要領第五集 遮音壁 設計要領 平成29年7月版、2017.9

対策事例　整理番号：Ⅳ−7

項目		内容	項目	内容
適用区分		道路橋・鉄道橋　：　新設・既設 伝播経路上対策 - 大気・減衰付加	予測手法	実験等による効果確認が必要
名称		上部覆工	対策効果	・左記イメージでは二重構造とした例であり、空気層が厚くなるほど透過損失が大きくなる。 ・実績では側壁外面における透過損失レベルは33dB。 ・シェルタの延長が長くなると、排気ガスが集中するため別途対策の検討が必要となる場合がある。 M₀基準点　0 dB(A)　M₁　−33 dB(A) シェルタの遮音性能例[1]
概要		道路に近接した中高層住宅に対して騒音対策すべく、車道上を全て覆い被せたシェルタ構造としたもの。この他、橋梁以外では半地下構造のものもある。		
構造		 シェルタの断面イメージ図 外装パネル 防音パネル 単位:mm シェルタの骨組構造例[1]を改変（一部抜粋）して転載	対策規模等	幅21m（上下線各2車線）×延長245m
			実績	高速道路等で実績あり
			備考	
参考文献		1）八巻真文、林末夫：高速道路防音施設の概要、建設の機械化、1977年7月号、pp.57-60、日本建設機械化協会、1977.7		

対策事例　整理番号：Ⅳ-8

項目	内容
適用	道路橋・鉄道橋　：　新設・既設
対策区分	伝播経路上対策 - 大気・減衰付加
名称	下面遮音工
概要	開床式鋼桁の下面を覆うことで、桁の下部から伝わる音を遮断する。下面を覆う材料としては、通常の鋼板やゴムを鋼板で挟みこんだサンドイッチ鋼板などがある。
構造	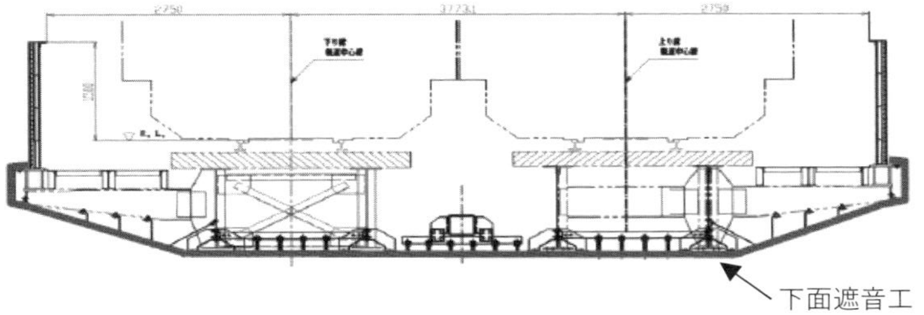 上路プレートガーダーの例 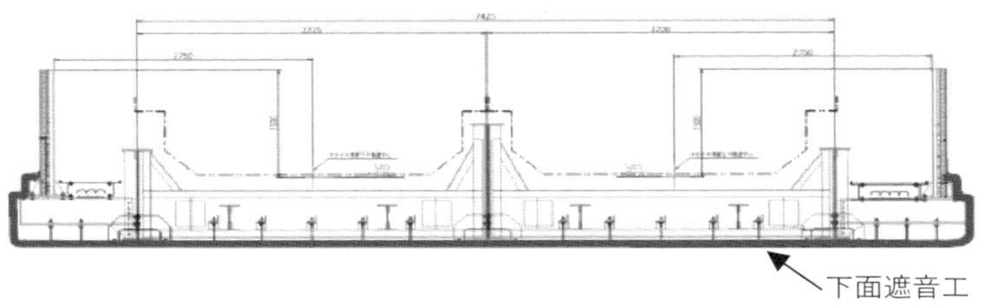 下路プレートガーダーの例

項目	内容
予測手法	橋梁の規模、構造形式、軌道構造、線路線形、列車種別、遮音板の材質等によって効果の違いが大きく、予測は一般に困難であり、実績や実験等によって確認。
対策効果	（対策効果の例） 左図のように、桁の下面と側面を覆い、かつ、高欄を設置. 1）上路プレートガーダー［スパン11.9m、まくらぎ式軌道］アクセス評価点（橋梁より12.5m離れ、地上より1.2m）において騒音レベルのピーク値 L_{Amax}　12dB低減 2）上路プレートガーダー［スパン10.3m、まくらぎ式軌道］アクセス評価点（橋梁より12.5m離れ、地上より1.2m）において騒音レベルのピーク値 L_{Amax}　11dB低減 下面遮音工、高欄による低減効果は、等価騒音レベルで、それぞれ1～3dB程度と考えられる。
対策規模等	一般的に、桁下面全体に設置する
実績	多数実績あり
備考	桁下空頭が小さくなる。 雨水の排水処理や維持管理（点検や防食等）の配慮が必要。

参考文献
1) 日本鋼構造協会：鋼鉄道橋の低騒音化、JSSCテクニカルレポート No.68、p.40、日本鋼構造協会、2005.11
2) 花房厚希、相原修司、小島誉：騒音対策としての下部覆工の効果について、土木学会第69回年次学術講演会、VII-043、pp.85-86、土木学会、2014.9
3) 富田佳孝、猿渡隆史：騒音対策としての下部覆工の最適構造の検討、土木学会第72回年次学術講演会、VII-158、pp.315-316、土木学会、2017.9

鋼・合成構造標準示方書一覧

	書名	発行年月	版型：頁数	本体価格
※	2016年制定 鋼・合成構造標準示方書 総則編・構造計画編・設計編	平成28年7月	A4：414	4,700
※	2018年制定 鋼・合成構造標準示方書 耐震設計編	平成30年9月	A4：338	2,800
※	2018年制定 鋼・合成構造標準示方書 施工編	平成31年1月	A4：180	2,700
※	2019年制定 鋼・合成構造標準示方書 維持管理編	令和1年10月	A4：310	3,000

鋼構造架設設計施工指針

	書名	発行年月	版型：頁数	本体価格
※	鋼構造架設設計施工指針 ［2012年版］	平成24年5月	A4：280	4,400

鋼構造シリーズ一覧

	号数	書名	発行年月	版型：頁数	本体価格
	1	鋼橋の維持管理のための設備	昭和62年4月	B5：80	
	2	座屈設計ガイドライン	昭和62年11月	B5：309	
	3-A	鋼構造物設計指針 PART A 一般構造物	昭和62年12月	B5：157	
	3-B	鋼構造物設計指針 PART B 特定構造物	昭和62年12月	B5：225	
	4	鋼床版の疲労	平成2年9月	B5：136	
	5	鋼斜張橋－技術とその変遷－	平成2年9月	B5：352	
	6	鋼構造物の終局強度と設計	平成6年7月	B5：146	
	7	鋼橋における劣化現象と損傷の評価	平成8年10月	A4：145	
	8	吊橋－技術とその変遷－	平成8年12月	A4：268	
	9-A	鋼構造物設計指針 PART A 一般構造物	平成9年5月	B5：195	
	9-B	鋼構造物設計指針 PART B 合成構造物	平成9年9月	B5：199	
	10	阪神・淡路大震災における鋼構造物の震災の実態と分析	平成11年5月	A4：271	
	11	ケーブル・スペース構造の基礎と応用	平成11年10月	A4：349	
	12	座屈設計ガイドライン 改訂第2版 ［2005年版］	平成17年10月	A4：445	
	13	浮体橋の設計指針	平成18年3月	A4：235	
	14	歴史的鋼橋の補修・補強マニュアル	平成18年11月	A4：192	
※	15	高力ボルト摩擦接合継手の設計・施工・維持管理指針（案）	平成18年12月	A4：140	3,200
	16	ケーブルを使った合理化橋梁技術のノウハウ	平成19年3月	A4：332	
	17	道路橋支承部の改善と維持管理技術	平成20年5月	A4：307	
※	18	腐食した鋼構造物の耐久性照査マニュアル	平成21年3月	A4：546	8,000
※	19	鋼床版の疲労 ［2010年改訂版］	平成22年12月	A4：183	3,000
	20	鋼斜張橋－技術とその変遷－ ［2010年版］	平成23年2月	A4：273＋CD-ROM	
※	21	鋼橋の品質確保の手引き ［2011年版］	平成23年3月	A5：220	1,800
※	22	鋼橋の疲労対策技術	平成25年12月	A4：257	2,600
	23	腐食した鋼構造物の性能回復事例と性能回復設計法	平成26年8月	A4：373	
	24	火災を受けた鋼橋の診断補修ガイドライン	平成27年7月	A4：143	
※	25	道路橋支承部の点検・診断・維持管理技術	平成28年5月	A4：243＋CD-ROM	4,000
※	26	鋼橋の大規模修繕・大規模更新－解説と事例－	平成28年7月	A4：302	3,500
	27	道路橋床版の維持管理マニュアル2016	平成28年10月	A4：186＋CD-ROM	
※	28	道路橋床版防水システムガイドライン2016	平成28年10月	A4：182	2,600
※	29	鋼構造物の長寿命化技術	平成30年3月	A4：262	2,600
※	30	大気環境における鋼構造物の防食性能回復の課題と対策	令和1年7月	A4：578＋DVD-ROM	3,800
※	31	鋼橋の性能照査型維持管理とモニタリング	令和1年9月	A4：227	2,600
※	32	既設鋼構造物の性能評価・回復のための構造解析技術	令和1年9月	A4：240	4,000
※	33	鋼道路橋RC床版更新の設計・施工技術	令和2年4月	A4：275	5,000
※	34	鋼橋の環境振動・騒音に関する予測，評価および対策技術－振動・騒音のミニマム化を目指して－	令和2年11月	A4：164	3,300
※	35	道路橋床版の維持管理マニュアル2020	令和2年10月	A4：234＋CD-ROM	3,800
※	36	道路橋床版の長寿命化を目的とした橋面コンクリート舗装ガイドライン 2020	令和2年10月	A4：224	2,900

※は、土木学会および丸善出版にて販売中です。価格には別途消費税が加算されます。

定価 3,630 円（本体 3,300 円＋税 10%）

鋼構造シリーズ 34
鋼橋の環境振動・騒音に関する予測，評価および対策技術
－振動・騒音のミニマム化を目指して－

令和 2 年 11 月 25 日　第 1 版・第 1 刷発行

編集者……公益社団法人　土木学会　鋼構造委員会
　　　　　鋼橋の騒音・振動低減に向けた設計検討小委員会
　　　　　委員長　池田　学
発行者……公益社団法人　土木学会　専務理事　塚田　幸広

発行所……公益社団法人　土木学会
　　　　　〒160-0004　東京都新宿区四谷 1 丁目（外濠公園内）
　　　　　TEL　03-3355-3444　FAX　03-5379-2769
　　　　　http://www.jsce.or.jp/
発売所……丸善出版株式会社
　　　　　〒101-0051　東京都千代田区神田神保町 2-17　神田神保町ビル
　　　　　TEL　03-3512-3256　FAX　03-3512-3270

©JSCE2020／Committee on Steel Structures
ISBN978-4-8106-1003-1
印刷・製本：日本印刷（株）　用紙：（株）吉本洋紙店